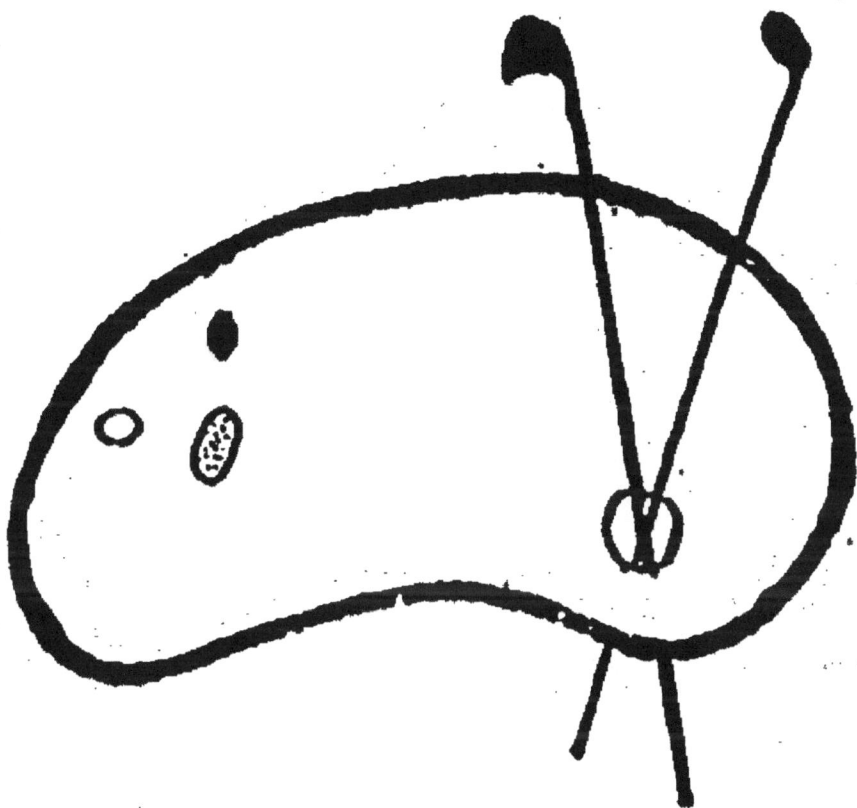

DEBUT D'UNE SERIE DE DOCUMENTS
EN COULEUR

DROIT FRANÇAIS

DEPUIS SES ORIGINES GAULOISES

JUSQU'A LA RÉDACTION DE NOS CODES MODERNES

PAR

J.-Édouard GUÉTAT

PROFESSEUR A LA FACULTÉ DE DROIT
AVOCAT PRÈS LA COUR D'APPEL DE GRENOBLE

PARIS

L. LAROSE ET FORCEL

LIBRAIRES-ÉDITEURS
22, RUE SOUFFLOT, 22

1884

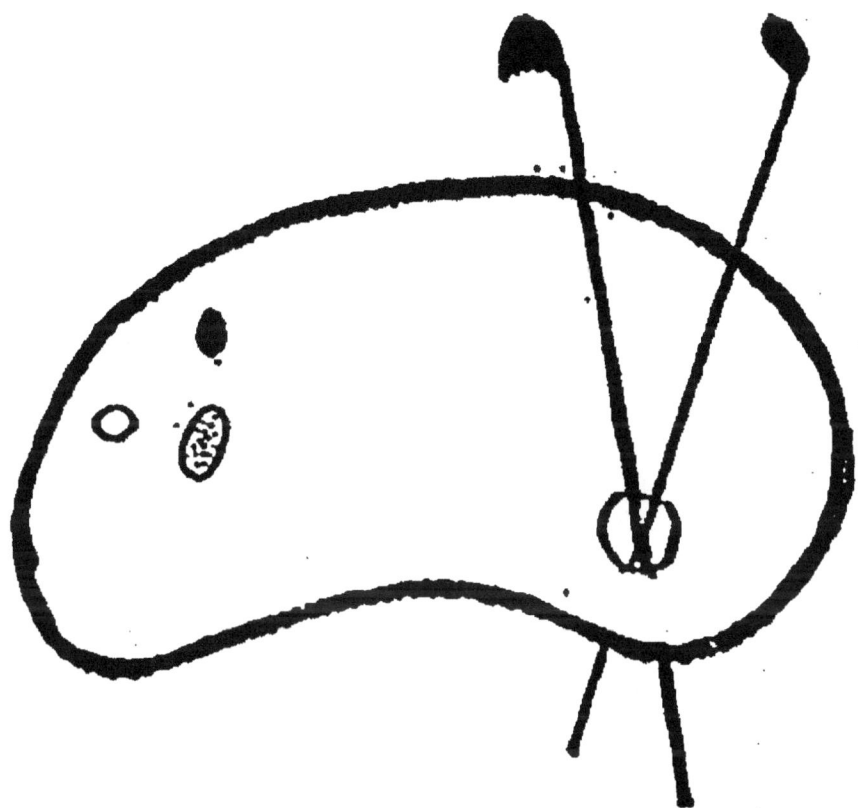

FIN D'UNE SERIE DE DOCUMENTS
EN COULEUR

UN PEU DE TOUT

Télégraphe aérien Chappe (page 27).

BIBLIOTHÈQUE DES NOTIONS GÉNÉRALES

SOPHIE DE CANTELOU

INSTITUTRICE PUBLIQUE
LAURÉAT DE PLUSIEURS ACADÉMIES

—

UN PEU DE TOUT

PARIS
LIBRAIRIE GÉNÉRALE DE VULGARISATION
9, RUE DE VERNEUIL, 9

HOMMAGE RESPECTUEUX

A Monsieur Auguste DESMOULINS

MEMBRE DU CONSEIL MUNICIPAL DE PARIS

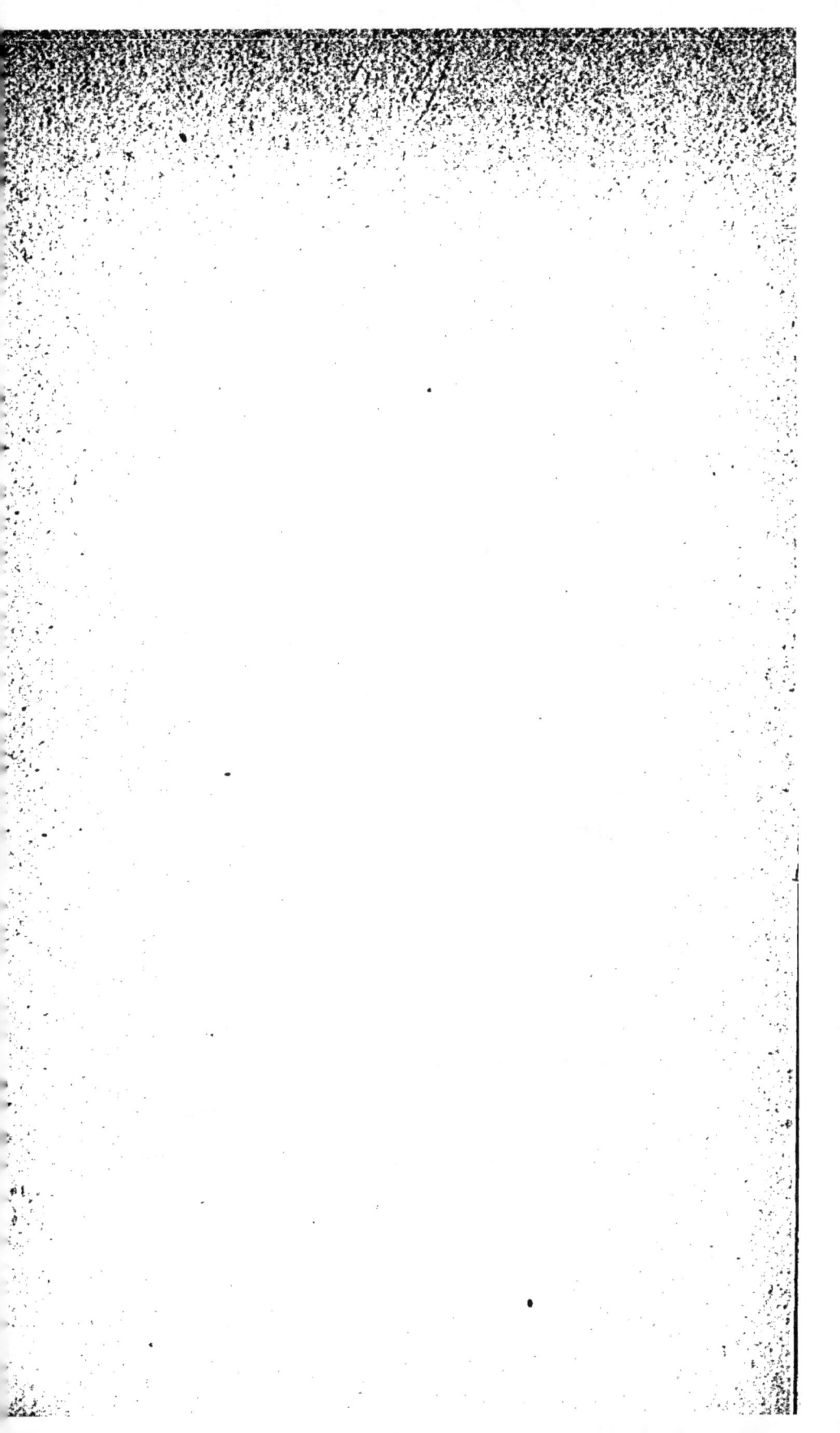

UN PEU DE TOUT

I

L'INSTITUTRICE. — Ne vous désolez pas, mes petites amies; le temps est menaçant à la vérité, mais partons de suite, allons faire une petite visite au cordier; il nous faut dix minutes au plus pour parcourir la route.

MARIE. — S'il pleut, nous renverrez-vous chez nous, Madame?

L'INSTITUTRICE. — Non, ma petite; nous en profiterons pour nous promener autour de la place. Ce que nous y verrons nous fournira l'occasion de rappeler ce qui a été dit à l'école, et même d'y ajouter. Par les promenades que nous avons faites cet été, vous avez été à même d'apprécier la beauté de votre Normandie, si favorisée par la nature ! J'espère que vous l'aimez, notre beau pays de France ?

ALPHONSINE. — Oh ! oui, Madame, et de tout notre cœur. Je lisais l'autre jour une petite histoire dont les derniers mots m'ont frappée. Ils sont prononcés par un soldat fait prisonnier par les Prussiens en 1871. La paix était faite, nos malheureux frères nous revenaient de l'exil ! En arrivant à la frontière, en mettant le pied sur le sol sacré de la patrie, le soldat patriote, les yeux humides, la main sur le cœur qui bat à rompre, s'écrie avec un accent de tendresse impossible à décrire : « France ! ». Depuis, je m'exerce à dire : « France ! » .... et ce nom me semble beau ! grand ! noble ! il résonne à mon oreille comme une musique !...

Et toutes les petites filles se mettent à répéter : « France ! France ! » elles sont enthousiasmées ! l'institutrice les applaudit les larmes aux yeux !

« Va, pauvre mutilée ! la génération qui s'élève saura t'aimer et guérir tes blessures ! » L'institutrice ne compte pas faire des Jeanne d'Arc et des Jeanne Hachette de ces fillettes ; mais elle sait que la femme joue un rôle important dans la famille par l'influence qu'elle y exerce. La femme patriote saura élever ses fils pour la patrie ; elle saura exciter dans l'âme du compagnon de son existence les plus généreux sentiments ! — Le paysan est malheureusement fort peu patriote ! Il ne connaît qu'une chose, son intérêt. Que lui importe le reste? Il faut donc développer chez les enfants des campagnes l'amour de la patrie.

On se met en route, et, en quelques minutes, on arrive à la corderie. La troupe joyeuse s'arrête pour regarder le cordier, qui défile, en marchant à reculons, le chanvre dont son grand tablier est rempli. L'extrémité de la corde est attachée au centre d'une rondelle en bois mise en mouvement par une grande roue qu'un enfant fait tourner à l'aide d'une manivelle. Le chanvre, par suite du mouvement de rotation de la rondelle, se tord.

L'ouvrier, toujours en marchant, fait reposer la corde sur des espèces de râteaux en bois, placés de distance en distance. Il chante, le cordier; mais sa chanson ne peut être entendue par des enfants : cet homme est à moitié ivre !

L'INSTITUTRICE. — Venez, mes chères petites, il fait une chaleur étouffante ici, allons nous asseoir sous les ombrages que nous voyons à peu de distance, nous y attendrons que l'ardeur du soleil soit tombée.

En passant près de la mairie, Marie, enfant intelligente qui aime à se rendre compte de tout, prend la parole :

— Madame, mon père disait l'autre jour qu'il y avait, à la mairie, réunion du conseil municipal. Pourquoi faire cette réunion ?

L'INSTITUTRICE — Quand le conseil municipal se réunit à la mairie, qu'on appelle aussi *hôtel de ville* ou *maison commune*, c'est pour délibérer, décider, exécuter tout ce que réclame 'e bien général. Ce sont les conseillers municipaux, dont le maire est le président, qui règlent les ressources et les dépenses de la commune, ce qui s'appelle le *budget*. Les électeurs nomment le maire et les conseillers municipaux : ce sont les hommes de la commune ayant atteint ou dépassé vingt et un ans ; ils sont les maîtres des biens communaux, chemins, églises, écoles, mairie. C'est à la mairie que se rendent les électeurs pour voter. C'est encore à la mairie que viennent les habitants de la commune, joyeux ou tristes, selon les jours, faire enregistrer les mariages, les naissances, les décès....

Au haut de la mairie flotte le drapeau tricolore. Salut et respect au drapeau sacré dont la vue fait battre le cœur des patriotes et par delà, les mers, rappelle à nos concitoyens la patrie absente !

C'est à la mairie du chef-lieu de canton que les jeunes gens tirent au sort, à l'époque de la conscription.

Marie. — Oh ! cela, je le sais ! car mon frère a tiré la semaine dernière, il a eu un mauvais numéro ! il partira, quel malheur !

L'Institutrice. — Ne dites pas cela, chère enfant !
C'est un honneur et un devoir pour tout Français
que de servir son pays ! Ne l'oubliez pas ! Et, lorsque vous serez femme, si vous avez des fils, éle-
vez-les avec cette espérance : « Être soldat. » Et si
la patrie est en péril, ne pouvant, faible femme,
vous sacrifier pour elle, à l'exemple des mères
spartiates, donnez-lui avec joie plus que votre vie,
donnez-lui vos enfants !

— Allons, Charlotte, dites-nous quelques mots
sur les Spartiates.

Charlotte. — Les Spartiates étaient un peuple
belliqueux qui ne connut que la guerre et la fit
presque toujours. Les enfants appartenaient bien
plus à l'État qu'à leurs parents. On ne leur inspi-
rait que deux sentiments : Le respect des vieillards
et le mépris pour la douleur et pour la mort. De
violents exercices étaient imposés même aux filles.
L'enfant né difforme était mis à mort. Les femmes
spartiates sont restées célèbres par leur patriotisme.

Lycurgue, célèbre législateur, fit des lois civiles

remarquables, ayant pour but d'établir l'égalité entre les citoyens.

L'INSTITUTRICE. — Assez, mon enfant, nous parlerons une autre fois des guerres de Messénie et de la rivalité de Sparte et d'Athènes. — Tout en causant, nous voici arrivées à la Petite-Cauchie, arrêtons-nous un instant; nous allons visiter les fossés et le tertre, qui datent de la domination romaine. Le nom de *Cauchie* a été donné à ce hameau, à cause de la chaussée romaine qui le traversait. Quand Jules-César, le plus grand homme de guerre des Romains, conquit la Gaule, on abattit les forêts, on créa des routes pour faire communiquer les cités entre elles, on multiplia les écoles. L'agriculture, l'industrie, le commerce se développèrent avec rapidité. La politique habile de Jules-César sut effacer en Gaule toutes les traces de l'ancienne nationalité. L'empire romain vécut quatre siècles, deux avec honneur et prospérité, deux dans la misère et la honte. Les premiers empereurs, par leur despotisme, avaient semé la servilité, la

bassesse, et, par la peur, dégradé les âmes ; les
derniers avaient recueilli l'indifférence, la lâcheté.
Vers le vi° siècle de notre ère, lorsque les
Alains, les Vandales, les Suèves et d'autres peuples
barbares se répandirent en Gaule, les Gaulois, dé-
sarmés depuis quatre cents ans, ne savaient plus
tenir une épée et fuyaient comme des troupeaux
timides en face des ennemis. L'empire romain croula,
de nouveaux peuples succédèrent aux Romains.

Je ne veux pas fatiguer votre attention plus
longtemps, mes petites amies, mangez votre colla-
tion et amusez-vous.

Les enfants ne se font pas prier, elles prennent
leurs ébats avec ardeur.

Soudain l'air s'alourdit, on se sent oppressé et
saisi d'une malaise indéfinissable ; l'atmosphère est
chargée d'électricité.

Les petites filles sont irritées, elles ne trouvent
plus de jeux à leur goût ; elles viennent s'asseoir
près de leur institutrice.

Tout s'est tu dans la nature ! le grillon ne fait

plus entendre son chant monotone, les petits oiseaux se sont réfugiés sous la feuillée, les fleurs penchent leur tête languissante ! Tout à coup, l'éclair sillonne la nue, le tonnerre gronde au loin, et de larges gouttes d'eau, précédant une pluie torrentielle, indiquent aux promeneuses qu'il est temps de chercher l'hospitalité, qui leur est accordée sans peine, chez le libraire, imprimeur du bourg.

L'Institutrice. — Quelle averse! regardez, enfants, la pluie chasse tellement qu'elle semble dégager de la vapeur.

Marguerite. — Je ne veux pas regarder, moi ! il tonne, et j'ai peur !

L'Institutrice. — Peur du tonnerre !... mais c'est du bruit, pas autre chose. Est-ce que le bruit vous effraie maintenant ?

Marguerite. — Mais, Madame, c'est dangereux le tonnerre ! Il est tombé l'année passée sur un peuplier, qu'il y avait au bout de notre masure ; il pleuvait comme en ce moment ; notre voisin, le père

Thomas, s'était mis à l'abri sous l'arbre, et il a été tué.

L'INSTITUTRICE. — Ce n'est pas le tonnerre qui tue, enfants. Le tonnerre est un bruit terrible, formidable, il roule, gronde, fait cliqueter les vitres et peut agir sur nos nerfs, mais il n'est pas à craindre, ce n'est qu'un bruit.

MARGUERITE. — Ce n'est peut-être pas poli, ce que je vais dire ! Eh bien, j'ai du mal à croire cela!

L'INSTITUTRICE. — J'aime votre franchise, Marguerite. Je vais vous donner une comparaison qui va vous faire réfléchir. Le chasseur qui chargerait son fusil simplement avec de la poudre tuerait-il du gibier? Non, n'est-ce pas? cependant, son fusil produirait le même bruit qu'en envoyant une charge de plomb à un animal quelconque. Ce n'est donc pas le bruit qui tue. L'éclair est une lumière vive qui précède le tonnerre ; quand on l'aperçoit, le danger n'existe plus, car le fluide électrique qui tue, lui! tombe avant que l'éclair ne luise. L'électricité est un fluide qui existe partout ; c'est une grande puissance que la nature possède et dont on ne connaît sans doute pas encore toute l'étendue. Ce nuage d'où l'éclair jaillit est chargé d'électricité. Il n'y a guère plus de cent ans que les savants ont découvert la nature de la foudre.

Franklin en Amérique et le chevalier de Romas en France, après de belles et dangereuses expériences, inventèrent le paratonnerre. Le paratonnerre est une tige de fer se terminant en pointe, qu'on élève sur les maisons et sur les édifices pour les préserver du feu du ciel. La foudre est attirée ou repoussée par cette tige ; dans le premier cas, elle tombe sur le paratonnerre, suit la chaîne attachée à sa pointe et dont la base plonge dans l'eau ou dans la braise ; dans le second cas, l'orage s'éloigne. C'est à cause de son élévation que le paratonnerre produit ces effets, aussi je vous conseille de ne jamais vous mettre sous les arbres ou près d'un édifice élevé pendant l'orage. Il faut aussi éviter les courants d'air, car ils peuvent quelquefois attirer la foudre. Autrefois, on ignorait tout cela, et, pour

2

éloigner l'orage, on sonnait les cloches à toute
volée; cela l'attirait bien souvent, et les pauvres
sonneurs étaient victimes de cette ignorance. Vous
voyez que chaque découverte de la science est utile
à l'homme. Tous les peuples anciens redoutaient la
foudre, plusieurs la regardaient comme une divinité
malfaisante et lui offraient des sacrifices pour la
désarmer. Petites filles peureuses, consolez-vous;
l'empereur Auguste, qui était plus brave et plus
aguerri que vous, se cachait pendant l'orage, dans
le coin le plus obscur de son palais! Il est vrai que
la science n'avait pas encore parlé! Un dernier
avis : Quand il tonne, il faut prendre toutes les
précautions indiquées par la prudence et attendre
tranquillement la fin de l'orage. En attendant que
l'orage soit passé, si nous demandions la permission de visiter l'atelier de l'imprimerie ?

M. l'imprimeur se met avec bienveillance à
la disposition des visiteuses, et c'est avec joie que
les enfants se précipitent sur les pas de leur guide.
L'atelier est vaste, plusieurs ouvriers travaillent,
l'ouvrage ne chôme pas à... Les petites filles

paraissent s'intéresser à ce qu'elles voient ; au dehors le temps fait rage, elles ne s'en occupent plus.

L'INSTITUTRICE.—L'imprimerie, mes enfants, est une des plus grandes inventions des temps modernes. Dans l'antiquité et au moyen âge, les livres étaient reproduits à la main ; il fallait beaucoup de temps pour copier un volume ; les livres coûtaient si cher que les gens fort riches seuls pouvaient s'en procurer. On raconte qu'une princesse acheta un livre de prières pour deux cents brebis, un muid de froment, autant de seigle et de millet et un certain nombre de fourrures précieuses. Aujourd'hui, on peut se procurer un livre pour une très faible somme, et en quelques jours l'imprimeur peut en tirer des milliers d'exemplaires. L'imprimerie a été inventée à Strasbourg, on ne sait pas précisément à quelle époque, par le mayençais Jean Guttenberg. C'est vers 1452 ou 1454 qu'elle a donné ses premiers produits. Elle fut introduite à Paris en 1490 par un recteur de l'Université, Guillaume Fichet, et par Jean de la Pierre, qui firent venir d'Allemagne les

imprimeurs Ubrick Gering, Michel Friburger et
Martin Crantz.

L'IMPRIMEUR. — Si cela vous est agréable, Madame,
faites avancer vos écolières afin qu'elles puissent
suivre le travail que je vais me faire un plaisir de
leur expliquer. Je n'ai pas l'habitude de parler aux
enfants, mais je ferai de mon mieux.

L'INSTITUTRICE. — J'accepte et je vous remercie
de tout mon cœur, Monsieur.

L'IMPRIMEUR. — L'ouvrier qui est debout devant
la *casse* est le compositeur, il a devant les yeux le
manuscrit ou *copie* qu'il va imprimer. L'instrument
qu'il tient dans sa main gauche est appelé *composteur*. Vous pouvez voir que cet instrument se
compose de deux règles de fer unies à angle droit,
terminées à une de leurs extrémités par un talon
immobile et portant un autre talon qui peut, à
volonté, être plus ou moins éloigné du premier ;
c'est la distance des deux talons qui détermine la
longueur des lignes. Remarquez que le compositeur

commence par fixer la distance comprise entre les deux talons, afin que toutes les lignes soient de même longueur. Attention ! la composition commence. L'ouvrier jette les yeux sur le manuscrit et prend chaque lettre de chaque mot dans sa casse et la place à mesure sur son composteur. La casse est divisée en autant de *casselins* ou compartiments qu'il y a de sortes de lettres et de signes usités. Chaque cassetin contient de petites tiges de métal portant en relief une lettre de l'alphabet. On appelle les lettres des *caractères*. Vous voyez que le compositeur, losqu'il a formé un mot, le sépare du suivant au moyen d'une petite lame qu'on nomme une *espace*. Voici le composteur plein, on y a placé huit lignes, l'ouvrier le pose sur une pièce de bois à rebords appelée *galée*.

MARIE. — Je suis émerveillée de voir avec quelle promptitude le compositeur prend ses lettres et les place ! c'est vraiment curieux à examiner !

L'IMPRIMEUR. — Sachez, mon enfant, qu'il y a des compositeurs qui arrivent à une telle habileté qu'ils distribuent et composent plus de dix mille lettres par jour ! Cet autre ouvrier qui est en train de compter le nombre de lignes que les pages doivent contenir est le *metteur en pages.* Quand il aura fait autant de *paquets* qu'il en faut pour une feuille, il les placera dans ce châssis de fer appelé *forme,* dans lequel il sépare les pages par des lames de bois. Pour toute feuille on fait deux formes, une pour chacun de ses côtés. Les pages mises en forme, on les livre à l'imprimeur. Venez de ce côté, voici précisément l'ouvrier qui va tirer une épreuve. Voyez, il passe sur le paquet de caractères un rouleau qui est enduit d'encre grasse ou *encre d'imprimerie.* Les lettres étant en relief, l'encre ne s'attache qu'à elles. Ensuite, l'ouvrier prend une feuille de papier blanc qu'il mouille. il la pose sur le paquet et frappe dessus légèrement avec une brosse; les lettres enduites d'encre se marquent sur le papier, la feuille est imprimée. C'est ce qu'on appelle une *première épreuve.* Demain, on la soumettra au *correcteur;* son nom vous indique qu'il corrige le texte s'il y a lieu. Ensuite, on donnera la dernière main aux formes ; puis, elles seront placées sur la table de la presse, encrées et essayées. Pour procéder au tirage, on se sert de la presse à bras ou de la presse mécanique. Mon établissement étant peu considérable, la presse à bras me suffit. Voyez-là, elle est tout en fer ; c'est une presse Stanhope. Je regrette pour vous qu'on n'y travaille pas en ce moment. Cette presse est manœuvrée par deux ouvriers. L'un encre la forme avec un rouleau de gélatine, avant chaque coup de presse. L'autre pose sur les caractères la feuille de papier humectée et donne le coup de presse. Il faut deux coups de presse pour imprimer chaque feuille, un pour chaque côté. Ensuite on fait sécher les feuilles, puis on les plie d'après le format qu'on désire. Chaque feuille porte un numéro d'ordre qui se trouve au bas de la première page. C'est le metteur en pages qui examine si toutes les feuilles sont égales les unes aux autres en longueur et en largeur ; il s'occupe aussi du numérotage et des titres. J'espère, mes petites filles, que vous avez compris les explications que je vous ai données aussi simples que possible.

L'INSTITUTRICE. — Je vous remercie infiniment, Monsieur, pour mes petites écolières ; nous n'oublierons pas le gracieux accueil que vous nous avez fait. Voici l'orage passé, la pluie a cessé, nous allons vous saluer, Monsieur, et nous remettre en en route.

Après les politesses échangées, la petite troupe, chargée d'un peu de science de plus, s'achemine gaiement vers le village. L'orage a rafraîchi la température, chaque enfant est bien aise de mettre sur son dos le châle ou le manteau que l'institutrice a fait prendre par prévoyance. Mais voici Palmyre arrêtée devant un poteau télégraphique, elle y applique son oreille et s'écrie : « Madame, Madame, venez écouter, on entend comme une musique ! »

LOUISE. — Ignorante ! c'est une dépêche qui passe !

L'INSTITUTRICE. — Vous avez tort, Louise, d'appeler Palmyre ignorante, car vous avez dit une bêtise encore plus forte que la sienne ! Ce sont les vibrations de l'air sur le fil tendu qui font le bruit que

vous avez pris pour une musique, Palmyre. Quand
on envoie une dépêche, les fils télégraphiques ne
font aucun bruit, Louise. Puisque l'occasion se
présente, parlons un peu du télégraphe électrique.
Arago, un de nos savants, découvrit qu'en faisant
passer un courant électrique à travers le fer doux
ce fer devenait aimanté et attirait à lui le fer; mais,
aussitôt que le courant cessait, le fer perdait son
aimantation. Cela suffit pour découvrir le télégraphe.
L'américain Morse trouva le mécanisme dont on
se sert encore aujourd'hui. Je ne veux pas surchar-
ger votre mémoire de trop grands détails. Qu'il
vous suffise de savoir qu'après des travaux sans
nombre, de grands savants, Galvani, Volta, Bun-
sen et plusieurs autres, inventèrent des machines
propres à dégager de l'électricité et appelées *piles
électriques* L'électricité a été appelée ainsi du mot
grec *electron*, qui veut dire *ambre*, parce que c'est
dans cette matière qu'on a reconnu les phénomènes
électriques. Ces phénomènes sont les attractions
et les répulsions des corps légers. Revenons au
télégraphe, qui veut dire mot à mot *écrire loin*.

Supposez une *batterie*, ou réunion de piles, mise en communication par des fils de fer, comme ceux que vous voyez sur la route au haut des poteaux, avec un morceau de fer doux en fer à cheval nommé *electro-aimant*, et qui se trouve à une lieue, par exemple, des piles. Supposez, devant cet électro-aimant, une plaque de fer doux attachée à un ressort qui l'y tient à quelque distance; si on lance le courant à travers les fils, le fer à cheval s'aimante et attire à lui le morceau de fer doux. Si on fait cesser le courant, l'aimantation se perd, et le morceau de fer doux, tiré par le ressort, revient à sa place primitive. Supposez maintenant que nous convenions qu'une allée et venue du morceau de fer veut dire A, que deux allées et venues veulent dire B, et ainsi de suite, nous avons un véritable télégraphe électrique. Et ce n'est pas à une lieue seulement, comme je le disais tout à l'heure, que ce télégraphe marcherait, c'est à cent, à mille lieues même. Seulement, vous comprenez que ce télégraphe serait bien simple et que pour envoyer quelques mots il faudrait un assez long travail,

puis on pourrait se tromper, on ne compterait pas
bien. On a donc inventé un mécanisme qui imprime
lui-même la dépêche que l'on envoie d'un bout de
la France à l'autre. Le télégraphe électrique est
une des plus belles inventions de notre siècle.
Quelques minutes suffisent pour envoyer une dépêche
en même temps, dans la même heure, à toutes les
grandes villes d'Europe ! Outre ce télégraphe, il y
a encore le télégraphe sous-marin, c'est-à-dire sous
la mer. Des fils de cuivre, recouverts de *gutta-
percha*, enveloppés de gros filin goudronné et d'une
armature de fils de fer, composent un câble immense,
qui repose au fond de l'Océan et unit les mondes.
En quelques instants, le Havre peut correspondre
avec New-York, avec nos colonies d'Algérie et de
Cochinchine. Dites-nous, Élise, avant le télégraphe
imprimant, quelle sorte de télégraphe avait-on
inventé ?

Élise. — Sans remonter au télégraphe aérien
Chappe, du nom de son premier créateur, on a
eu le télégraphe à cadran, où chaque lettre de la
dépêche était marquée par une aiguille. Le cadran

contenait les vingt-cinq lettres de l'alphabet, ainsi que plusieurs signes qui servaient à séparer les mots.

L'INSTITUTRICE. — Et vous, Marie, n'avez-vous rien à ajouter sur l'électricité?

MARIE. — Avec l'électricité, on produit une lumière comparable à la clarté du soleil.

L'INSTITUTRICE. — On se sert aussi de l'électricité dans la *galvanoplastie* et dans la médecine.

ÉLISE. — Madame, je vous prie de nous dire ce que c'est que du fer doux.

L'INSTITUTRICE. — On appelle *fer doux* du fer très pur. Pour l'obtenir, on fait chauffer du fer au rouge et on le laisse refroidir dans de la sciure de bois. Le refroidissement dure presque un jour entier.

ALPHONSINE. — Je suis saisie d'admiration pour le génie de l'homme! Que c'est beau la science! Si nos aïeux revenaient sur terre, en voilà qui croiraient aux sorciers et aux fées!

L'INSTITUTRICE. — En effet, car le monde est transformé !

GABRIELLE. — *Gutta-percha !* en voilà un singulier nom ! qu'est-ce que c'est, Madame ?

L'INSTITUTRICE. — La gutta-percha a une grande analogie avec le caoutchouc ; elle est fournie par le suc laiteux d'un grand arbre des pays chauds. Cet arbre croît dans les parties méridionales de l'Asie, surtout dans la presqu'île de Malacca et dans l'île de Singapore. C'est un docteur anglais, W. Montgommery, et un négociant portugais qui éveillèrent l'attention de l'Europe sur cette substance. Mêlée avec une petite quantité de caoutchouc vulcanisé, on en fait un nombre immense d'articles de toutes sortes. Cette précieuse matière, outre son imperméabilité, possède la propriété d'être aussi peu conductrice de l'électricité que la résine et le verre ; c'est pour cette raison que l'on s'en sert pour envelopper les fils souterrains des télégraphes électriques.

MARIE. — Et la *galvanoplastie ?*

L'INSTITUTRICE. — C'est l'art d'appliquer une couche métallique sur une surface par l'action d'un courant électrique. Pour dorer, par exemple, on suspend l'objet à dorer à l'extrémité du fil négatif d'une pile et une lame d'or à l'extrémité du fil positif, puis on plonge la lame d'or et l'objet dans un liquide tenant de l'or en dissolution. Aussitôt, sous l'influence de l'électricité qui traverse le liquide, l'or commence à se séparer de son dissolvant et se dépose sur l'objet.

Galvani, célèbre médecin de Bologne, a grandement contribué, par ses travaux, à la découverte de la pile.

Pressons le pas, mes pauvres petites; le jour baisse, dans quelques instants il fera nuit.

Les enfants marchent en silence, le ciel est chargé de nuages, on voit à peine le sentier.

ÉMÉLIE. — Madame la lune, est-ce que vous ne nous ferez pas l'amitié de venir nous voir? Nous

sommes pourtant bien gentilles !.. La voici ! la
voici ! elle m'a entendue...

MARIE. — Est-elle comique cette Émélie ! Sans
compter que je suis bien aise de voir où je pose
mes pieds, car tout à l'heure il m'est arrivé un petit
désagrément dont je ne vous donnerai pas les détails !.. Mais voyez donc quelle belle figure a la
lune ! elle nous sourit et nous fait les doux yeux !

PALMYRE. — Madame, y a-t-il des êtres vivants
dans la lune ? y a-t-il des plantes et des arbres ?

L'INSTITUTRICE. — Je vais essayer de satisfaire
votre curiosité, ma petite.

Approchez-vous toutes de moi, mes petites amies,
et écoutez : La lune est la reine de la nuit, elle
semble veiller sur nous. C'est une gardienne fidèle,
une servante infatigable ! La lune est un satellite,
c'est-à-dire un corps céleste qui tourne autour de
la terre. Quoique brillant dans le ciel d'un doux
éclat, elle n'est pas lumineuse par elle-même, mais
réfléchit simplement la lumière du soleil ; d'où pro-

bablement les « effets de lune » si beaux, qu'aux pays septentrionaux on appelle « Paysage lunaire ».

On a supposé pendant longtemps que la lune était habitée, aujourd'hui l'opinion générale veut qu'elle soit déserte. Les savants ne se prononcent pas d'une manière aussi formelle, mais ils déclarent que si ce globe a des habitants, ils ne sont pas organisés comme ceux qui vivent sur la terre, parce que la lune n'a pas d'*atmosphère*, c'est-à-dire qu'elle n'est pas, comme la terre, environnée d'air respirable, et que l'air est absolument nécessaire à la vie des hommes et des animaux. D'ailleurs, sans air, il n'y a ni pluie ni rosée ; pour cette raison, il ne peut y avoir de végétation ; par conséquent, pas de nourriture pour les êtres vivants. Des instruments perfectionnés ont permis d'apercevoir de très hautes montagnes dans la lune, on a même reconnu des cratères éteints. Il doit y régner un froid cruel, et, quand même on y pourrait trouver du combustible, on ne pourrait s'en servir ; car, sans air, il est impossible d'avoir du feu. Enfin, l'air étant nécessaire à la production des

Paysage lunaire (page 39.)

sons, aucun bruit ne pourrait se faire entendre, ce serait le monde du silence !

ÉMÉLIE. — Je n'y serais pas à mon aise dans ce pays là ! oh ! la, là !

Tout le monde rit de la réflexion d'Émélie.

CHARLOTTE. — Et la belle grande étoile que j'aperçois, tenez là, Madame, est-elle habitée ?

L'INSTITUTRICE. — C'est la planète Vénus que vous me désignez. Un très habile astronome anglais, Herschell, a construit un télescope gigantesque qui lui a permis d'établir les rapports de grosseur que les planètes ont entre elles, mais il a été impossible de découvrir si elles sont habitées. La planète Vénus est, comme la terre, enveloppée d'une atmosphère. Voici encore d'autres planètes : Jupiter, Saturne, Uranus, Mars, Mercure. Toutes les planètes ont un mouvement de rotation qui leur donne le jour et la nuit, elles font un mouvement de révolution autour du soleil. Si nous pouvions parcourir les espaces sans bornes dans lesquels des milliers d'astres se meuvent, nous nous ferions une idée de notre petitesse et de la puissance du Créateur! Le globe que nous habitons et qui nous paraît si grand n'est qu'un atome dans l'immensité des espaces, ainsi que vous pouvez vous en convaincre rien qu'en regardant le tableau « *Le Monde solaire* » appendu au mur de notre école. Et nous, mes enfants, devant tant de grandes choses, que sommes-nous ?

ÉLISE. — Et le soleil ?

L'INSTITUTRICE. — Vous savez, Élise, qu'il est convenu que nous ne parlerons que sur ce que nous verrons; or, en ce moment, le soleil brille par son absence !

ÉMÉLIE. — Mademoiselle Élise, tu choisiras un jour qu'il fera jour pour faire cette question à madame !

L'hilarité est générale. Élise, froissée, s'écrie « C'est un démon cette enfant-là ! »

PALMYRE. — Nous n'avons pas fait le tour de la place comme il était convenu, mais cela n'empêche pas que nous nous sommes bien amusées tout de même !

L'INSTITUTRICE. — Et nous n'avons pas perdu notre temps.

Ce petit voyage autour de la place s'effectuera, sans doute, en partie jeudi prochain.

On se sépare sur cette promesse.

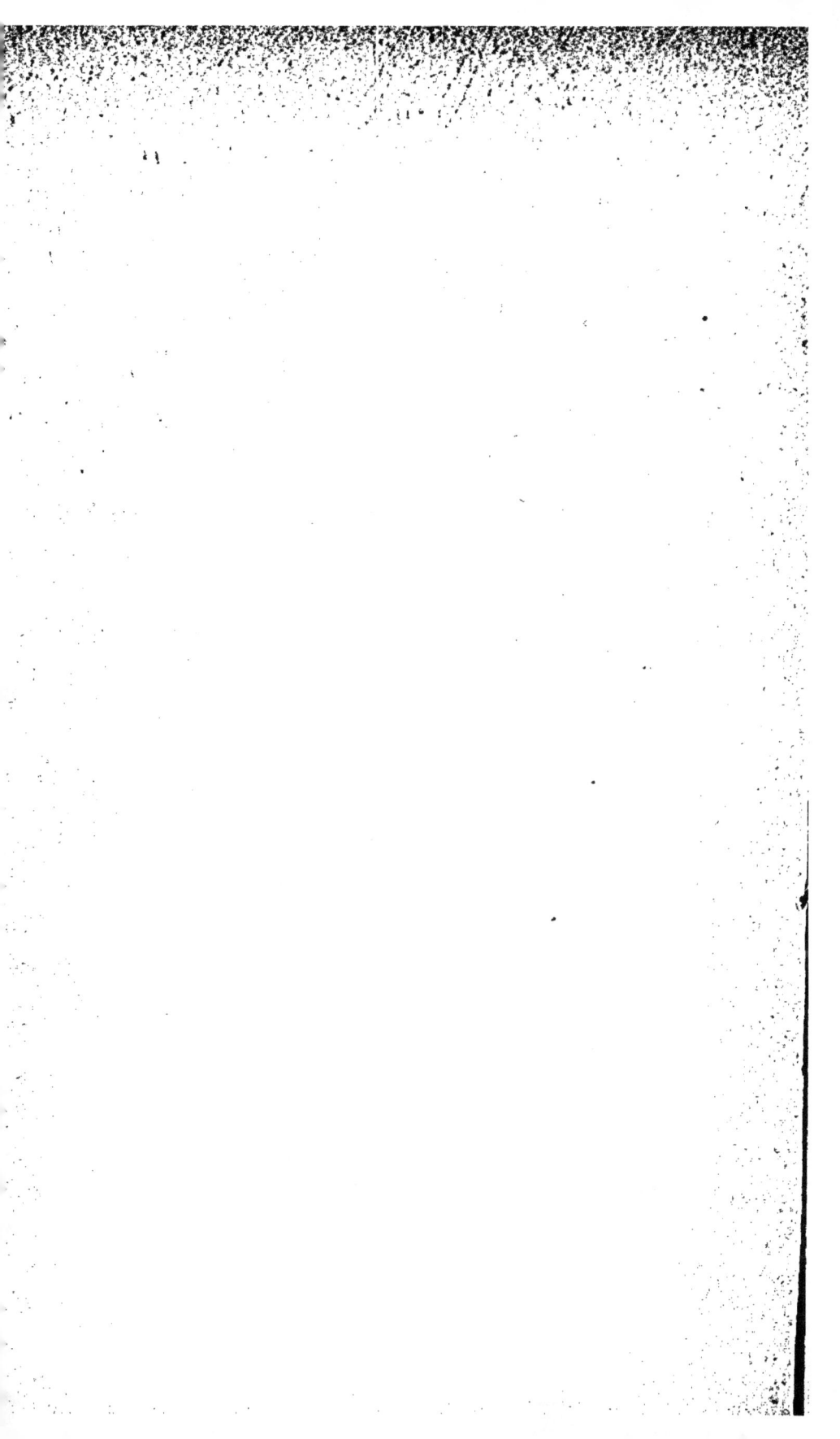

II

Elles sont bien heureuses les petites écolières ;
un photographe de la ville voisine a obtenu de
l'institutrice la permission de faire le portrait de
ses élèves. Il les a réunies dans le jardin en un
ensemble charmant ; ravissant cadre de têtes
blondes et brunes sur un fond d'arbres et de
fleurs !

Une pauvre petite s'est cachée la tête dans son
tablier ; l'institutrice parvient, non sans peine, à

la faire sortir de cette position; son visage est
inondé de larmes, ses regards effrayés se détour-
nent de l'appareil du photographe.

L'INSTITUTRICE. — Qu'avez-vous donc, mon enfant?

CLARA. — J'ai peur du petit canon qui est en
face de nous... Le monsieur a dit qu'il allait nous
tirer..., et moi je ne veux pas! Cela va faire
poum!... J'ai bien peur, je voudrais m'en aller !

L'institutrice a bien du mal à calmer le fou rire
qui s'est emparé de tout le monde; l'enfant, hon-
teuse d'abord, se rassure et essuie ses larmes, elle
finit par comprendre qu'il n'y a pas de danger.

L'opération réussit à merveille.

L'INSTITUTRICE. — Le photographe ne nous a pas
tenues longtemps, nous allons pouvoir faire une
promenade. En route sans retard; je vous dirai,
tout en marchant, quelques mots sur la photographie.

La boîte des photographes, qui leur sert à tirer

les épreuves, se nomme *chambre obscure ;* elle
est à parois opaques, portant en avant un large
tube où est enchâssée une *lentille convergente ;*
on nomme ainsi un verre plus épais au milieu
qu'au bord, ce qui a pour effet de faire converger,
c'est-à-dire de rassembler en un seul point les
rayons émanés d'un point lumineux et reçus par
la face opposée de la lentille. C'est de là que
vient le nom de lentilles convergentes.

Cette lentille convergente, enchâssée dans le
tube de la chambre obscure du photographe,
donne une image renversée et plus petite que
nature des objets placés en face, image qui se
forme sur un écran de papier convenablement
préparé et laisse une empreinte teintée de noir par
suite de la décomposition que la lumière fait
éprouver au sel d'argent dont le papier est impré-
gné. Les premiers essais de cet art datent de la
fin du dernier siècle ; mais ce n'est qu'en 1838
qu'on a commencé à obtenir des résultats satis-
faisants. Depuis cette époque, la photographie a
fait des progrès inouïs, qui ont permis de rendre

de grands services aux arts et à l'industrie. On obtient maintenant des images aussi grandes et même plus grandes que l'original, et on opère avec une telle rapidité que l'on peut reproduire instantanément les phénomènes les plus mobiles.

ÉMÉLIE. — Oh! quel bel arc-en-ciel!

MARIE. — Tu pourrais dire les beaux, car il y en a deux, n'est-ce pas, Madame?

L'INSTITUTRICE. — Le second, mon enfant, n'est que l'image du premier. Écoutez attentivement, mes petites, je vais vous donner sur ce sujet quelques explications que vous paraissez désirer. Les anciens ont admiré l'arc-en-ciel comme nous l'admirons, mais sans parvenir à en connaître les causes. Les païens en avaient fait la déesse Iris, messagère de Junon. Les peuples du Nord disaient que cet arche splendide était un pont jeté entre la terre et les cieux pour permettre aux dieux de communiquer avec les humains. C'est seulement en 1704 qu'un illustre savant, Newton, publia sur la lumière

et les couleurs un traité qui permit d'expliquer
comment se produit l'arc-en-ciel, où le rouge, l'oran-
ge, le jaune, le vert, le bleu, l'indigo et le violet se
trouvent réunis. Ces couleurs s'appellent les *sept
couleurs du prisme*. On nomme *prisme* un verre à
trois faces angulaires, dont Newton se servit pour
étudier la lumière ; il découvrit que les couleurs
de l'arc-en-ciel sont produites par la décomposition de la lumière du soleil. On donne à ce phénomène le nom de *réfrangibilité*. L'arc-en-ciel n'ap-
paraît jamais que par un temps pluvieux, parce
que c'est seulement quand un nuage se résout en
pluie que les gouttes d'eau dont il est formé peuvent, comme un prisme de verre, décomposer la
lumière blanche de manière à en rendre visibles
les sept rayons colorés. Il vous est facile de vous
rendre compte du rôle que joue la goutte d'eau
dans l'arc-en-ciel, en soufflant du bout d'un tuyau
de paille une bulle de savon. Si le soleil la frappe,
la lumière blanche qui la traversera, vous fera
voir distinctement les sept couleurs du prisme. Il
y a encore deux causes productrices de l'arc-en-

ciel : la *réflexion* et la *réfraction*. Plus tard nous en parlerons.

PALMYRE. — Mais, Madame, je ne comprends pas comment le second arc-en-ciel est l'image du premier.

L'INSTITUTRICE. — C'est par la *réflexion*. La réflexion est la propriété qu'ont certaines surfaces polies de renvoyer l'image qu'on leur présente. Les rayons du soleil se décomposent en passant à travers les gouttes de pluie ; mais, pour que les sept couleurs du prisme viennent frapper notre ciel, il faut qu'elles nous soient renvoyées par les brillantes gouttes, faisant l'office de miroir. Quelquefois l'arc tout entier se réfléchit dans d'autres gouttes, alors il paraît double comme celui que vous voyez. Comme je vous le disais tout à l'heure : le second n'est que l'image du premier. On en a la preuve, puisque les couleurs sont placées en sens inverse, comme le seraient les nuances d'un ruban que vous présenteriez devant un miroir.

PAULINE. — Nous sommes tout près de la gare, on entend le sifflet d'un train qui arrive !

L'INSTITUTRICE. — Ce qui veut dire que vous désirez le voir de près! allons !

Le chef de gare, qui est un homme des plus convenables, permet aux écolières de rester sur le quai, elles auront le loisir d'examiner la locomotive, qui manœuvre en cet endroit pendant un quart d'heure.

L'INSTITUTRICE. — Ne vous semble-t-il pas merveilleux, enfants, de voir cette machine énorme, ce monstre tout de fer, obéir à la main d'un homme qui semble si peu de chose à côté ? Du feu et de l'eau, voilà ce qui fait marcher sur des lignes d'acier cette longue file de wagons chargés, emportés avec vitesse comme s'ils ne pesaient rien. C'est que la *vapeur* est bien forte, rien ne peut lui résister ! Quelle sublime découverte ! L'homme a asservi cette force immense, il a inventé des mécanismes pour lesquels la distance et le poids ne sont rien. Mais ne croyez pas qu'un seul homme soit arrivé à ce magnifique résultat. Il a fallu des siècles pendant lesquels chaque génie a apporté ses observations et ses découvertes ; elles étaient bien minimes, il est vrai, mais, ajoutées à d'autres, elles se sont étendues ; c'est alors qu'un homme, rassemblant ses idées et ses observations, en tira l'invention de la machine qui l'a immortalisé ; cet homme, c'est James Watt. Mais n'oublions pas non plus celui qui contribua si puissamment à cette découverte ; Denis Papin, un de nos compatriotes, l'inventeur du piston, est l'un des premiers qui eurent l'idée de faire servir la nouvelle machine à la marche d'un bateau ; non seulement son idée était fructueuse, mais son essai le fut également, car son bateau, fait comme il le désirait, marchait suffisamment pour que l'on fût assuré que la vapeur pouvait être utilisée pour la locomotion. Jusqu'alors elle n'avait servi qu'à l'épuisement de l'eau dans les mines. Les bateliers du Weser, voyant ces expériences d'un mauvais œil, brisèrent le bateau, et Denis Papin, ruiné, ne vécut que grâce aux secours que lui accorda la Société royale de Londres, dont il faisait partie. Il mourut pauvre, hélas! comme la plupart des inventeurs, qui no furent souvent appréciés qu'après leur mort. Quand James Watt eut terminé sa machine, l'idée de Denis Papin se présenta de nouveau à l'esprit des ingénieurs. C'est alors que Fulton, un Américain, construisit un bateau à vapeur, le *Clermont*, qui obtint une vitesse de deux lieues à l'heure; c'était peu comparativement aux bateaux d'aujourd'hui; mais c'est de cette époque que date véritablement la navigation à vapeur (1807).

Pendant ce temps, Cugnot, encore un Français, inventait une voiture à vapeur, dont on a fait, par suite de nombreux perfectionnements, la locomotive de nos jours.

Ce fut Georges Stephenson qui contribua le plus à ces perfectionnements, en construisant une locomotive destinée à traîner les wagons. Comme vous le voyez, il a fallu bien du temps et bien des hommes instruits pour arriver aux résultats merveilleux que vous admirez aujourd'hui. Des premiers essais de Salomon de Caus on est donc arrivé à

créer: les bateaux à vapeur, les locomotives et les
machines sans nombre qui travaillent dans les fabriques et les ateliers. Il sort de ces fabriques
et de ces ateliers quantité d'objets dont nous fai-
sons usage chaque jour. La plus petite chose que
vous possédez a demandé des efforts et des travaux sans nombre. N'oublions pas ce grand cri du
monde, qui s'agite et se transforme depuis des
milliers d'années: Travaillons !

Quelques mots sur la machine à vapeur et le
principe de son mécanisme: Quand vous êtes as-
sises au coin du feu, regardant la bouilloire qui
chante sur les tisons, n'avez-vous pas remarqué
que par instants le couvercle se soulève, laissant
échapper une bouffée de vapeur grise, qui monte
avec la fumée dans la cheminée? Oui, sans doute;
eh bien, là est le principe de la machine à vapeur.

Qu'est-ce que cette machine, en réalité ? Une
chaudière, sous laquelle est un foyer destiné à
chauffer l'eau et à la réduire en vapeur. Un cylindre fermé où cette vapeur passe par un tuyau;

dans ce cylindre un piston mobile, qui le bouche
hermétiquement. La vapeur pousse ce piston,
comme elle soulève le couvercle de la bouilloire ;
le piston va et vient et imprime le mouvement à
des tiges de fer qui font tourner les roues de la locomotive. Il reste bien des choses à dire, bien des
explications à donner sur le mécanisme, vous
n'êtes pas en âge de les comprendre. Plus tard,
nous reprendrons cette explication. Vous pouvez
dès à présent juger des merveilles obtenues par le
génie et le travail de l'homme ! Dites quelques
mots pour terminer, Charlotte.

CHARLOTTE. — La machine à vapeur s'appelle
locomotive; elle traîne les voitures qu'on nomme
wagons. On a appelé *rails* les barres d'acier sur
lesquelles roulent les roues des wagons de la locomotive. La voiture qui porte le charbon est le *tender.*
Tout le long de la voie sont placés des poteaux télégraphiques et des signaux. Ces signaux sont un lan-
gage, par eux le mécanicien sait s'il peut s'avancer
sans crainte ou s'il doit s'arrêter. L'homme qui

4

conduit la machine est le *mécanicien* ; celui qui est occupé à mettre du charbon dans la machine est le *chauffeur*.

L'INSTITUTRICE. — C'est un métier bien périlleux que celui de ces deux hommes! lorsqu'il se produit des accidents, ils sont presque toujours les premières victimes. Et quelle vie! toujours rouler jour et nuit, les jambes exposées à la chaleur intense du foyer et la figure glacée par l'air vif produit par la vitesse de la marche.

Le bruit strident du sifflet annonce le départ du train. Il s'ébranle et part, laissant derrière lui un blanc et ondoyant panache de fumée. On salue le chef de gare et on se remet en route.

L'INSTITUTRICE. — J'ai senti une goutte d'eau!... Dirigeons-nous vers la forge; là, nous trouverons un abri. Tout en marchant, je vous dirai quelques mots sur la pluie! La vapeur qui s'élève de la mer, des fleuves, des prés humides, transparente et invisible sous l'action des rayons solaires, arrive à la hauteur où règne le froid éternel ; elle éprouve une

condensation, elle passe alors à l'état vésiculaire
et devient invisible. De l'accumulation de cette vapeur vésiculaire dans les hautes régions de l'atmosphère résultent alors ces grosses et belles
masses, tantôt d'un blanc cotonneux, tantôt noires
ou grisâtres, et qui prennent tant de formes diverses,
que nous nommons les *nuages*. Ces nuages, balan-
cés dans les airs par le vent, se refroidissent de
plus en plus et, la condensation s'achevant, se
changent complètement en eau, ce qui forme la
pluie. Les nuages qui sont portés vers les hautes
montagnes s'y déposent en neige et forment les
glaciers. Ces neiges éternelles et ces pluies donnent
naissance aux sources et alimentent les ruisseaux,
les rivières et les fleuves, qui reportent à la mer les
eaux qui en sont sorties. Elles y sont de nouveau
réduites en vapeur pour recommencer le même
voyage, sans qu'il puisse y avoir de fin à cet ad-
mirable phénomène tant que le soleil et la terre
existeront tels qu'ils sont.

CHARLOTTE.—Et le brouillard, qu'est-ce que c'est,
Madame?

L'Institutrice. — Le *brouillard* est un nuage qui, au lieu d'être en haut des airs, ne peut pas s'enlever de la terre et qui nous enveloppe. Le brouillard a deux effets immédiats : obscurcir la lumière du jour et pénétrer d'humidité, mouiller tous les corps qui sont en contact directement avec lui. La cause théorique de la formation du brouillard réside dans un refroidissement subit de l'air atmosphérique. La vapeur d'eau contenue dans cet air passe alors à l'état vésiculaire et devient visible, ce qui trouble la transparence de l'air. Les brouillards peuvent se produire dans toutes les saisons, dans les plaines basses et humides, au-dessus des lacs, des étangs, des rivières. Ils indiquent simplement alors que la température de l'air est plus froide que celle de l'eau. Ces sortes de brouillard, qui se forment ordinairement le matin, se dissipent généralement dans le courant de la journée, alors que l'air, suffisamment échauffé par les rayons du soleil, fait repasser l'eau vésiculaire à l'état de vapeur invisible.

Marie. — Voici la pluie qui se décide à tomber,

mais je ne lui en veux pas, car elle nous a fait donner une explication dont nous avions besoin. Pour moi, j'ignorais totalement toutes ces belles choses.

L'INSTITUTRICE. — Nous voici arrivées à la forge. Abritons-nous un instant sous le hangar, il n'y a pas de chevaux en ce moment. Marie, dites-nous donc ce que fait le forgeron.

MARIE. — Il apporte un morceau de fer rouge, il le pose sur l'enclume et frappe dessus avec un marteau. Je vois à la forme que prend son morceau de fer que c'est un fer à cheval qu'il façonne. Dans l'intérieur de la forge, je vois une cheminée dont l'âtre est à la hauteur de la main de l'homme qui fait rougir un morceau de fer dans un feu de charbon, pendant qu'un enfant fait mouvoir un énorme soufflet accroché contre la cheminée et dont le tuyau vient aboutir au fond de l'âtre. Au-dessus de la cheminée se trouve la *hotte*, sorte d'entonnoir renversé, qui forme l'entrée de la cheminée pour ramasser toute la fumée sortant du foyer, quelque largeur qu'on lui donne.

L'INSTITUTRICE. — Et vous, Élise, que voyez-vous?

ÉLISE. — Je vois des enclumes, des tenailles de toutes grandeurs et de toutes formes, des marteaux gros et petits, des barres de fer, et une foule d'outils dont je ne connais ni le nom ni l'usage.

LE FORGERON. — Salut, la société! Je vous ai écouté avec plaisir, mes petites, oui, avec plaisir, car j'ai une fillette bientôt en âge d'aller à l'école, et je vois qu'on ne néglige rien pour instruire nos enfants! Je vais vous dire le nom et l'usage des outils que vous ne connaissez pas : Voilà d'abord des *chasses-rondes*, des *chasse-carrées* et *à biseau*; on les interpose entre le fer chaud placé sur l'enclume et le marteau; ils servent à donner aux pièces les formes rondes et régulières que l'action du marteau seul donnerait difficilement. Voici maintenant des *étampes*, servant à peu près au même usage, mais qu'on place entre la pièce et l'enclume ; puis voici les *tranches à chaud* et *à froid* pour couper le fer dans ces deux états ; voici des *perçoirs*, des *casse-fer*, des serrures, des verrous, des clous, du fer en barre. Mais voici mon ouvrier qui m'appelle. Salut, Madame et la compagnie !

L'INSTITUTRICE. — Merci, Monsieur, et au revoir! Allons, Marie, parlez-nous du fer. N'en dites pas long, car voici la pluie qui cesse, nous allons en profiter pour faire notre petit tour sur la place.

MARIE. — Le fer est le plus utile de tous les métaux, on l'extrait des entrailles de la terre ; il ne se trouve jamais pur. L'extraction du fer est une des opérations les plus importantes de la métallurgie. Le minerai est d'abord réduit en fragments, puis soumis à un lavage dans une eau courante afin de chasser les matières terreuses qui le salissent; enfin on le grille pour le débarrasser du soufre et de l'arsenic qu'il renferme quelquefois ; ensuite on sépare le fer des autres substances avec lesquelles il est mêlé. On se sert pour cette opération de fourneaux d'une forme spéciale auxquels on donne le nom de *hauts-fourneaux*.

GABRIELLE. —Pardon, si je t'interromps ! mais tu ne nous dis rien de ces pauvres mineurs qui passent leur vie au fond de la terre et qui sont si exposés aux éboulements ainsi qu'aux maladies occasionnées par leur triste existence.

L'INSTITUTRICE. — Rappelez-vous, Gabrielle, que j'ai recommandé à Marie d'être brève. Comme vous, je plains de tout mon cœur ces pauvres mineurs ! Mais chacun a sa part ici-bas, chacun doit remplir la tâche imposée à chacun de nous ! Qui vous dit que ces hommes ne se trouvent pas heureux ? Le bonheur, mes enfants, est à la portée de tous : il faut savoir borner ses désirs et se contenter de sa position. — Continuez, Marie.

MARIE. — Un haut-fourneau est une espèce de tour conique de quinze à vingt mètres de haut, dont l'intérieur ressemble à deux cônes renversés. Un large orifice, appelé *gueulard*, se trouve à la

partie supérieure, tandis que la partie inférieure
présente une sorte de bassin nommé *creuset*. On
introduit par le gueulard une couche de charbon
de bois, de coke ou de bois desséché, puis une
couche de minerai et une couche de matière calcaire dont la nature varie suivant celle du minerai.
On continue à introduire ces trois substances jusqu'à ce que le fourneau soit entièrement rempli.
Cela fait, on allume le combustible et on active le
feu en lançant un violent courant d'air dans la partie inférieure de la construction, au moyen de machines diverses. Le minerai est alors réduit. Quand
le creuset est suffisamment plein, on en fait sortir
la fonte par une ouverture particulière. On convertit la fonte en fer, c'est-à-dire on l'affine, en l'introduisant dans des fourneaux particuliers.

L'Institutrice. — Voilà qui est bien, Marie. En
route, enfants. Examinez, en passant devant les
magasins, ce qui pourra vous intéresser, alors faites-
m'en part. Voici le boucher : nous avons parlé dans
nos promenades de tous les animaux de boucherie

et de l'utilité de leurs dépouilles, rien à dire de plus. Voici le boulanger : encore rien à dire, puisque devant un champ de blé nous avons parlé de sa préparation. Voici la modiste ! Voyons, Alphonsine, dites-nous quelque chose sur ce sujet.

ALPHONSINE. — Que vais-je dire? La modiste fait des chapeaux et des bonnets qu'elle orne, suivant la mode, avec des fleurs artificielles, des plumes, des rubans. Autrefois, peu de personnes portaient des chapeaux. Dans notre pays de Caux, les femmes riches se paraient de grands bonnets ornés de dentelles de prix; les très pauvres portaient un bonnet de coton au haut duquel on nouait un ruban de couleur les jours de fête. On a porté d'énormes chapeaux, puis d'excessivement petits. La mode change souvent, celles qui tiennent à la suivre font vivre les marchands et les ouvrières.

L'INSTITUTRICE. — Vous avez raison, Alphonsine ! mais regardez donc les plumes étalées dans la vitrine, ne trouvez-vous rien à dire sur elles?

ALPHONSINE. — Que je suis étourdie! Ces plumes viennent de la queue d'un grand oiseau d'Afrique qu'on nomme *autruche*. L'autruche, de l'ordre des *échassiers*, a de longues jambes demi-nues, très musculeuses et charnues; elle a la tête chauve, calleuse, pourvue d'un bec court et arrondi à la pointe; ses ailes, trop courtes pour voler, sont garnies de plumes molles et flexibles; sa queue, en forme de panache, fournit environ 250 grammes de plumes blanches et 1 kilo 500 de plumes noires.

L'INSTITUTRICE. — L'autruche mesure ordinairement deux mètres de hauteur, elle peut atteindre plus de trois mètres; elle a la vue et l'ouïe très développées; sa nourriture consiste en herbages, en insectes, en mollusques, en reptiles et petits mammifères. Elle supporte la faim et la soif pendant plusieurs jours. A l'état domestique, on l'habitue facilement à porter un homme sur son dos et à tirer des fardeaux. L'autruche peut faire 43 kilomètres à l'heure. Ces animaux vivent en société; on en trouve des bandes de deux ou trois cents.

Chaque femelle pond de quinze à trente œufs, qui pèsent chacun de 1 kilo à 1 kilo 500, et équivalent à vingt-cinq œufs de poule ; ils ont bon goût. L'incubation dure environ six semaines et est partagée par le mâle et la femelle. On ne parvient à s'emparer de l'autruche que par la ruse. Malgré leur grande force, ces animaux sont très pacifiques ; prises jeunes, les autruches se plient parfaitement à la domesticité. Nous voici devant le perruquier, Claire, trouvez-vous quelque chose à nous dire ?

CLAIRE. — Je n'en sais pas long, je vous assure ! Le perruquier coiffe et rase, il fait des coiffures de faux cheveux. Autrefois, les hommes portaient perruque frisée et poudrée, puis à queue. D'après la mode, ils ont porté les cheveux ras ou longs, toute leur barbe ou simplement des moustaches.

La coiffure des femmes a aussi beaucoup varié d'après les temps, les mœurs et les personnages en vue qui la faisaient adopter.

J'aperçois dans la boutique : un plat à barbe, un blaireau, des ciseaux, des peignes, des fers à friser, des brosses à cheveux, des savons, des pots de pommades, et c'est tout !

L'Institutrice. — Je vous sais gré de votre bonne volonté, chère enfant. Je vais ajouter quelques petits détails à ce que vous avez dit :

Les Romains, aux beaux jours de leur gloire, portaient la barbe ; plus tard, des barbiers siciliens, venus à Rome, mirent à la mode les visages rasés. Les Gaulois eurent aussi, à une certaine époque, le visage entièrement rasé. Charlemagne n'aimait pas la barbe, il était défendu à ses sujets de la porter. François Iᵉʳ protégea la barbe, qui a subi depuis de nombreuses transformations.

Sous le règne de Louis XV, la variété des perruques fut infinie ; il y avait les *perruques en béquilles, en grains d'épinards, à bâtons rompus, à marteaux, à la débacle*. etc. En même temps que les hautes coiffures des femmes régnèrent les toupets grecs relevés très haut sur le front ; les chapeaux se plaçant difficilement sur cette coiffure, les hommes le portèrent généralement sous le bras.

L'art du perruquier consistait à multiplier les boucles, que l'on maintenait au moyen d'une pâte pommade; puis, on faisait voler dessus un fin nuage de poudre blanche.

La coiffure des femmes se multiplia sous ce règne, les cheveux furent relevés sur le sommet de la tête, ceux de devant crépés, formant le diadème autour du front et des tempes; cette façon s'appelait le *tapé:* mille combinaisons s'adaptaient à cette forme, les boucles formaient des *marrons*, des *brisures*, des *béquilles*. Il y avait des mèches lisses qui s'appelaient les *barrières*, des boucles nommées des *dragonnes*, d'autres dessinant sur le front un croissant renversé auxquelles on donnaient le nom de *favoris*.

L'historique du costume et de la coiffure en France tiendrait à lui seul tout un volume.

Allons devant le magasin du marchand de charbon.

ÉMÉLIE. — Bien sûr qu'il n'y en aura pas pour longtemps à causer là-dessus!

L'INSTITUTRICE. — Vous vous trompez, ma petite.

Voyez, qu'apercevez-vous dans la boutique? Des balances, des poids en fonte, une bascule, un tas de charbon de bois.

J'arrête là, pour le moment, mon inspection pour vous dire comment on s'y prend pour faire le charbon de bois.

Il existe plusieurs procédés pour carboniser le bois, parlons du plus simple.

Au milieu d'une aire bien battue, on forme, avec trois ou quatre grosses bûches, une espèce de cheminée de vingt-cinq à trente centimètres de diamètre, autour de laquelle on range le bois debout et sur trois étages superposés.

Leur ensemble, ou *meule*, a la forme d'un tronc de cône, posé à terre sur sa large base. On couvre le tout d'une couche de poussier de charbon et de terre calcinée, en ayant soin de laisser, à la partie inférieure de la première couche, plusieurs ouvertures qu'on nomme *événts*, pour permettre à l'air de pénétrer dans la meule afin de faciliter la combustion. Puis, on allume le tas ; quand il est bien pris, on bouche la cheminée, et on pratique dans la couverture, à partir du sommet, un certain nombre de petites ouvertures. Quand la fumée qui s'échappe de ces ouvertures devient peu abondante, d'un bleu clair et presque transparente on reconnaît à ce signe que la carbonisation est terminée dans cette partie de la meule. On ferme alors les évents et on en fait d'autres plus bas, on continue jusqu'à ce qu'on arrive aux ouvertures du bas. On ferme alors tous les orifices, on couvre le tas d'une couche de terre humide qu'on arrose même au besoin, et on laisse reposer pendant vingt-quatre heures. Les meules sont ordinairement hautes de quatre à six mètres, et chacune d'elles peut contenir de trente à cinquante stères de bois. — Je continue mon inspection.

J'aperçois de la houille ou charbon de terre. Écoutez attentivement.

La houille est un des combustibles les plus pré-

La Machine à vapeur s'appelle *Locomotive* (p. 49).

cieux que nous possédions, et l'industrie lui doit la plus grande partie de ses progrès. C'est à son emploi que nous devons la propagation des machines à vapeur. Il s'extrait en France plus de quarante millions de quintaux métriques de charbon de terre. La houille est employée comme combustible depuis au moins le quatrième siècle avant Jésus-Christ. Comme elle renferme beaucoup de matières étrangères, entre autres du soufre et du bitume, elle répand une odeur assez désagréable. Sa chaleur est plus forte que celle du bois, mais sa flamme est moins vive et moins brillante. La houille ne se trouve que dans certaines contrées. L'Angleterre possède les plus riches mines de houille connues. Après l'Angleterre, le pays d'Europe qui produit le plus de houille est la Belgique. La France, qui vient en troisième ligne, a 280,000 hectares de terrain houiller qui se divisent en quarante-six bassins, dont les principaux sont ceux de Valenciennes, département du Nord ; de Decize, département de la Nièvre; de Brassac, département du Puy-de-Dôme ; de Littry, département du Calvados; d'Alais, département du Gard ; de Commentry, département de l'Allier ; de Saint-Étienne, département de la Loire. C'est un pénible et dangereux métier que celui d'ouvrier mineur dans les mines de houille, car il se dégage souvent dans les houillères de grandes quantités de gaz inflammable nommé *grisou*, qui prend feu au contact des lampes que les ouvriers sont obligés d'allumer pour se diriger dans leurs travaux. Le grisou tue les mineurs, soit par une simple explosion, soit par les éboulements qu'il détermine. Un savant chimiste anglais, Davy, a imaginé une lampe qui a la forme d'une lanterne ordinaire, entourée d'une toile métallique ayant la propriété de refroidir la flamme et d'empêcher qu'elle se communique au dehors. Avec cette lampe les accidents deviennent impossibles. La houille fournit encore le gaz d'éclairage, et aussi un charbon poreux et léger appelé *coke*, auquel bien des personnes donnent la préférence parce qu'il ne produit ni fumée ni odeur. De plus, comme il est privé de toute matière bitumineuse et sulfureuse, il est applicable dans une foule d'industries où les substances de cette nature pourraient être nuisibles.

— Pour que je me repose un instant, à votre tour, ma petite Marie. Parlez-nous des mottes que j'aperçois en tas près de la porte.

MARIE. — Les mottes, dont on fait un grand usage dans beaucoup de localités, sont fabriquées avec le *tan* qui a servi au tannage des peaux. Le tan est de l'écorce de chêne moulue. On le met dans des moules, et, lorsque les pains ont pris assez de consistance pour qu'on puisse les enlever de ces moules sans les briser, on les fait sécher dans des étuves ou au grand air sous des hangars. On fait aussi des mottes avec le marc de raisin foulé.

L'INSTITUTRICE. — Quittons le magasin du charbonnier et arrêtons-nous devant le débitant de tabac, qui est aussi cafetier. Allons, Louise, à votre tour de parler.

LOUISE. — Le *tabac* est une plante originaire d'Amérique, de la famille des *solanées*. C'est une plante vénéneuse, qui s'élève à 2 mètres de hau-

teur ; ses feuilles sont larges et d'un beau vert, sa
fleur est rose, d'une forme gracieuse et élégante.
La plante réduite en poudre produit le tabac à
priser. Les feuilles séchées, et hachées, fournissent
le tabac à fumer. Les hommes le brûlent dans un
fourneau muni d'un petit tuyau cet ustensile
s'appelle *pipe*.

L'INSTITUTRICE. — Je complète ces détails. Il
existe aujourd'hui par tout le monde entier tant
de fumeurs et de priseurs, sans compter les chi-
queurs, autre variété peu ragoûtante, que tout ce
qui concerne le tabac ne peut plus être indifférent
à qui que ce soit. Est-il nuisible ou non dans son
usage ou dans son abus? la question est encore à
l'état de problème, malgré les innombrables con-
troverses soulevées. Dans tous les cas, sa consommation rapporte gros à l'État, ce qui suffit, au point
de vue économique, à en excuser l'expansion.

Ce fut vers l'an 1520 que les Espagnols trouvè-
rent le tabac dans le Yucatan, grande péninsule que
forme le golfe du Mexique. On transporta cette

plante de la terre ferme dans les îles voisines, et bientôt son usage devint général. Vous savez qu'elle tire son nom de Tabago, l'une des Antilles, mais qu'elle est plus connue en botanique sous celui de *Nicotiane*, du nom de son introducteur officiel chez nous.

C'est une jolie plante, à la tige droite, velue, gluante, aux feuilles épaisses, molasses, d'un vert pâle, plus grandes au pied qu'à la cime, aux fleurs rouges ou jaunes, suivant l'espèce. Elle demande une terre médiocrement forte, mais grasse, unie, profonde, pas trop exposée aux inondations. Un sol vierge convient à merveille à ce végétal, avide de suc.

On sème les graines sur des couches. Lorsque les plantes ont deux pouces d'élévation et au moins six feuilles, on les arrache doucement dans un temps humide et on les porte avec précaution sur un sol bien préparé, où elles sont placées à trois pieds de distance les unes des autres. Mises en terre avec ménagement, leurs feuilles ne souffrent pas la moindre altération ; elles reprennent toute leur vie en vingt-quatre heures.

Cette plante exige des travaux et des soins continuels. Il faut arracher les mauvaises herbes qui croissent autour d'elle, l'étêter à deux pieds et demi pour l'empêcher de s'élever trop haut, la débarrasser des rejetons parasites, lui ôter les feuilles les plus basses, celles qui ont quelque disposition à la pourriture, celles que les insectes ont attaquées, et réduire leur nombre à huit ou dix au plus. Deux mille cinq cents tiges peuvent recevoir tous ces soins d'un seul homme laborieux, et elles doivent rendre mille livres pesant de tabac.

On la laisse environ quatre mois en terre. A mesure qu'elle approche de sa maturité, le vert riant et vif de ses feuilles prend une teinte sombre ; elles courbent la tête : mais l'odeur qu'elles exhalent augmente et s'étend au loin ; c'est alors que la plante est mûre et qu'il faut la couper.

Les pieds recueillis sont mis en tas sur la même terre qui les a produits. On les y laisse suer une nuit seulement. Le lendemain, ils sont déposés dans des magasins construits de manière que l'air puisse y entrer librement de toutes parts. Ils y restent séparément suspendus tout le temps nécessaire pour les bien sécher. Étendus ensuite sur des claies et bien couverts, ils fermentent une ou deux semaines. On les dépouille enfin de leurs feuilles, qui sont mises dans des barils ou bien réduites en carottes. Les autres façons qu'on donne à cette production, et qui changent avec les goûts des diverses nations, sont étrangères à sa culture. De toutes les contrées où l'on plante le tabac il n'en est point où il ait autant prospéré que dans la Virginie et le Maryland, deux provinces des États-Unis.

Il y est de plusieurs espèces, ne différant guère que par la forme de leurs feuilles. Le tabac en corde, que l'on râpe pour le réduire en poudre ou que l'on mâche ou fume sans le râper, n'est point le fruit de la plante, mais seulement ses feuilles, que l'on cueille lorsqu'elles commencent à jaunir et que l'on suspend durant quelques jours dans un lieu aéré. Ces feuilles, parvenues à l'état convenable de maturité, sont trempées dans un sirop, ordinairement composé d'eau, de sucre, de sel, de thé et de quelques prunes ; on les réunit ensuite, on les presse, on les met dans des tonneaux : c'est le tabac en feuille. On les met aussi en rouleaux en les ficelant avec force et en leur donnant différentes grosseurs: ce sont ces rouleaux que l'on appelle tabac en corde ou en carotte. Les différentes qualités du tabac tiennent donc non à l'espèce de la plante, mais à la bonté du terrain dans lequel on la cultive, surtout à la préparation de ses feuilles, à la composition du sirop dans lequel on les trempe et que l'on peut varier de mille manières.

Chez nous l'État, qui seul a le droit de fabriquer des tabacs, possède quatorze manufactures occupant vingt-quatre mille ouvriers et ouvrières. — Les premiers qui eurent l'idée de se mettre la poudre de tabac dans le nez furent ridiculisés, puis un peu persécutés. Jacques Iᵉʳ, roi d'Angleterre, fit un livre contre ceux qui faisaient usage du tabac. Plus tard, le pape Urbain VIII excommunia les personnes qui prenaient du tabac dans les églises. L'impératrice Élisabeth autorisa les bedeaux à confisquer les tabatières à leur profit. Amurat IV défendit l'usage du tabac sous peine d'avoir le nez coupé. Le tabac fut apporté en France pour la première fois par Jean Nicot vers l'an 1560. Son résidu contient une substance qui est un poison violent et à laquelle on a donné le nom de *nicotine*. L'abus du tabac est d'un pernicieux effet sur les facultés intellectuelles. On le cultive dans plusieurs parties de la France, son exploitation rapporte des sommes considérables.

Maintenant, passons en revue le débit de liquides; j'aperçois des flacons remplis de cognac, des bouteilles de vin, de la bière, du rhum, une cafetière contenant sans doute du café. Je vais commencer par vous expliquer la fabrication de l'eau-de-vie.

La base de l'eau-de-vie et des liqueurs est l'*alcool*. On entend, en général, par alcool tout liquide spiritueux qui se forme pendant la fermentation des sucs de certains végétaux. L'alcool proprement dit provient du suc de raisin. Pour extraire l'alcool du vin, on fait bouillir celui-ci dans un vase particulier appelé *alambic*. Comme l'alcool entre en ébullition à une température plus basse que l'eau avec laquelle il se trouve mêlé, il se transforme en vapeur et gagne la partie supérieure de l'appareil, d'où un tuyau le conduit dans un deuxième vase où il se refroidit et redevient liquide. Il faut recommencer plusieurs fois l'opération, qui n'est autre chose que la *distillation*. L'eau-de-vie est de l'alcool melangé d'eau. Au sortir de l'appareil distillatoire, l'eau-de-vie est limpide; pour la colorer, on la met dans des tonnes neuves de chêne avec des copeaux de ce même bois; elle attaque et dissout une partie de la matière colorante du bois et prend la couleur jaune doré qu'on lui connaît. La fabrication des eaux-de-vie forme, dans quelques parties de la France, une branche industrielle importante. C'est de l'Hérault que nous vient l'eau-de-vie de Languedoc; de la Charente et de la Charente-Inférieure celle de Cognac; du Gers celle de l'Armagnac. Comme provenance de l'étranger, on peut citer les eaux-de-vie de Dantzig pailletées d'or, elles sont très renommées. L'eau-de-vie est connue depuis plus de onze siècles ; on l'employait dans l'antiquité comme remède, les médecins lui attribuant un nombre considérable de propriétés curatives. On prétendait qu'elle rajeunissait les vieillards et prolongeait la vie, c'est ce qui lui valut son nom. L'eau-de-vie peut être quelquefois utile, mais elle devient promptement, par un usage immodéré, la cause d'irritations vives dans les organes et peut amener la mort. L'abus de cette liqueur ou plutôt de ses falsifications abrutit l'intelligence et peuple, hélas ! les maisons d'aliénés et les prisons

Le suc de raisin n'est pas la seule substance qui serve à préparer des liquides alcooliques; le cidre, le poiré, les pommes de terre, les prunelles sauvages, les céréales donnent des eaux-de-vie assez spiritueuses, mais de mauvais goût.

Nous pouvons sans crainte nous asseoir sur les bancs qui sont devant la porte. Tout le monde est au travail à cette heure et les voyageurs sont rares dans le pays.

Je vais vous dire quelques mots sur le *vin*. Le vin est la liqueur qui résulte de la fermentation

du fruit de la vigne, c'est-à-dire du raisin. La *vigne*
est un arbrisseau originaire de l'Asie, il croît dans
les pays chauds ou même tempérés. Il ramperait sur
le sol si on ne lui donnait un soutien. La fabrication
du vin varie, pour certains détails, dans chaque
pays. Le raisin est écrasé soit avec les pieds, soit
avec des presses. La masse écrasée ne tarde pas
à fermenter. On reconnaît que le vin est fait quand
il n'est pas plus chaud que l'air extérieur, qu'il n'est
plus sucré, qu'il est à peu près clair, et ne dégage
que très peu d'acide carbonique. Le vin blanc se fait
avec des raisins blancs. Les vins blancs mousseux
s'obtiennent en mettant le *moût*, ou jus de raisin,
en bouteille avant la fin de la fermentation.

Les variétés de vin sur le continent européen sont
très nombreuses. En Espagne, on en compte plus
de quatre cents espèces, et en France plus de
mille. Un seul vignoble du Jura en fournit jusqu'à
dix-neuf. On ne saurait trop déterminer dans quel
pays la vigne a pris naissance, la souche-mère en
est perdue aussi bien que celle du froment; les re-
cherches à ce sujet n'ont rien produit de certain.

Tout porte à croire cependant, comme je viens de le dire, que l'une et l'autre sont originaires de l'Orient. Les limites entre lesquelles la vigne donne des fruits comprennent une étendue de seize degrés environ, prenant pour latitude nord Coblentz, sous le cinquante et unième degré, et au midi l'île de Chypre, sous le trente-quatrième. Mais, dans la Calabre même et les autres contrées méridionales de l'Italie, on est obligé de garantir les vignes avec de la fougère contre les grandes chaleurs. Cette ligne de démarcation s'étend du nord-ouest au sud-est, depuis Coblentz jusqu'à l'embouchure de la Loire. Le Hock, un vin du Rhin, et le Champagne se récoltent tous les deux à trois degrés au nord de ce dernier point, ce qui rend assez difficile à expliquer pourquoi la latitude de floraison pour la vigne se resserre à mesure qu'on approche de l'ouest. Une température plus humide, un ciel plus nébuleux et, par conséquent, un soleil moins ardent en sont peut-être la cause. C'est ainsi que dans plusieurs parties des Cornouailles l'abricot ne peut mûrir, dit-on, faute de soleil.

En Asie, il ne se fait pas de bon vin au sud de
Shiraz, en Perse, sous le trente-troisième degré. En
Amérique, des colons allemands cultivent le raisin
du Rhin jusque dans le Canada. Il y croît soixante-
dix espèces de vignes sauvages; toutes, il est vrai,
ne donnent pas de fruits; mais on récolte à Washing-
ton un excellent raisin appelé *catarobe*, très connu
en Europe, et à Boston une autre espèce que l'on
nomme *Isabelle* et dont le goût est délicieux.

En général, les meilleurs vignobles sont situés sur
des coteaux. Il faut, pour la vigne, des collines de
moyenne élévation, bien boisées au sommet et exposées au soleil. Cependant, la situation au midi
n'est pas toujours indispensable. En Bourgogne,
l'exposition du sud-est est considérée comme sujette
aux dernières gelées : il paraîtrait donc que, si le
sol et le climat sont favorables, la situation n'est
qu'une considération secondaire.

Les terrains secs et légers, les sols calcaires,
poreux et volcaniques conviennent parfaitement à
la vigne. Les terres riches et grasses ne produisent
pas de bon vin. Les lieux humides n'en produisent

pas du tout. Toutefois, le même sol présente quelquefois des bizarreries presque inexplicables ; dans un petit vignoble de Bourgogne, celui de Montrachet, la nature du terrain, la position, la culture sont partout les mêmes, et cependant on y récolte trois variétés distinctes : Montrachet-Aîné, Montrachet-Chevalier, Montrachet-Bâtard.

On cultive les vignes de deux manières, à hautes tiges ou à basses tiges, les premières sur des arbres ou des treilles, les secondes sur des pieux ou des échalas à hauteur d'appui. Dans toute la France, jusqu'à la Provence exclusivement, en Allemagne, en Suisse, en Hongrie, les vignes sont à basses tiges. En Italie, elles grimpent sur les arbres ou le long de hauts treillis. Les vignes de la Grèce sont fortes de souches et croissent comme les autres arbres ; leurs vigoureux rameaux se soutiennent d'eux-mêmes. Dans l'Italie, surtout en Lombardie et en Toscane, on leur prête le secours de l'érable ; dans les vignobles de Naples et dans ceux du sud, on se sert de l'orme et du peuplier. L'engrais de la vigne demande une attention particulière ; on ne peut em-

ployer que celui des oiseaux. Le fumier de légumes
de chardons, d'épine, de luzerne, de lupins est ce
qu'il y a de mieux. La maturité du raisin peut s'a-
vancer d'une quinzaine de jours au moyen d'inci-
sions annulaires faites sur l'écorce des branches.

La vigne produit sans dégénérer jusqu'à soixante
ou soixante-dix ans. Naturellement, elle ne donne
pas de fruits avant sa septième année ; mais on la
rend productive dès la première à l'aide de la
greffe. Quant aux modes de fabrication, ils varient
suivant les contrées : c'est ainsi que le vin de
Bourgogne reste trente-six heures dans la cuve,
celui de Narbonne soixante-dix jours.

On ignore depuis quelle époque les vignobles de
France jouissent de leur réputation : on suppose que
l'arome et la délicatesse des vins les plus en faveur
aujourd'hui n'étaient pas connus il y a deux siècles.
Il faut faire exception, toutefois, pour le vin de
Champagne, dont l'excellence était fameuse dès le
XIVe siècle.

La France est le pays où l'on récolte, en propor-
tion de son étendue, la plus grande quantité de bon

vin. Les plus estimés parmi les vins de Bourgogne
sont : le Chambertin, le Clos-Vougeot, le Volney,
le Pomard, le Beaune, le Nuits, le Châblis, le Pouilly,
le Moulin-à-vent, le Mâcon, Parmi les vins de Champagne : ceux d'Aï, d'Epernay et de Sillery. Parmi
les vins de Bordeaux : Château-Margaux, Château-
Laffite, Médoc, le Grave, le Sauterne, le Saint-Emi-
lion.

Parlons de la bière. A votre tour, Madeleine.

MADELEINE. — La *bière* est une boisson fermen-
tée qui se fait ordinairement avec de l'orge et la
fleur d'une plante grimpante, le houblon. La fabrication de la bière comprend quatre opérations : le
maltage, le *brassage*, la *fermentation* et la *clarifi-
cation.* Il y a un grand nombre de variétés de bière ;
on distingue la bière double de table, la bière simple
ou petite bière, la bière blanche, la bière de Strasbourg, l'ale, le porter. Ces différentes sortes ne
diffèrent que par les procédés de fabrication et les
proportions dans lesquelles l'eau, l'orge et le houblon s'y trouvent mêlés. La bière est rafraîchis-

sante, saine et nourrissante. Quand elle est trop forte, elle détermine une ivresse profonde. Quand on en fait un trop grand usage, elle finit par éner-ver et affaiblir les facultés intellectuelles. L'Angle-terre, la Belgique, la Hollande et l'Allemagne pos-sèdent, dans la fabrication de la bière, une indus-trie de la plus haute importance.

L'INSTITUTRICE. — Bien, mon enfant. Petite Jeanne sait-elle quelque chose sur le rhum?

JEANNE. — Pas grand'chose, Madame! Le *rhum* s'extrait de la canne à sucre et de la mélasse; c'est un liquide d'un fort goût. On fabrique le rhum aux Antilles, à la Martinique et à la Jamaïque.

L'INSTITUTRICE. — A vous Louise, Vous êtes bien partagée.. dites ce que vous savez sur le café.

LOUISE. — Le *café* est le fruit d'un arbrisseau appelé *caféier*, originaire des parties les plus chaudes de l'Arabie, d'où il a été transporté dans l'Inde, puis en Europe, et de là en Amérique. Cet arbrisseau mesure de un mètre et demi à deux mètres et demi de hauteur, son fruit ressemble à de petites cerises rouges ; chaque fruit contient deux grains planes d'un côté et convexes de l'autre. Pour faire usage du café, on le torréfie, c'est-à-dire on le brûle, dans une boîte en tôle, puis on le pulvérise dans un petit appareil appelé *moulin à café*, et ensuite on fait infuser dans l'eau bouillante la poudre ainsi obtenue.

L'INSTITUTRICE. — C'est bien, Louise. Je vais ajouter quelques détails.

Les tentatives inutiles que firent pendant longtemps les Européens pour faire germer le fruit du café leur avaient persuadé que les Arabes, ses premiers exploiteurs, le trempaient dans l'eau ou le faisaient sécher au four avant de le vendre, pour conserver à jamais le monopole d'un commerce qui formait toute leur richesse. On ne fut détrompé de cette erreur que lorsqu'on eut essayé de transporter l'arbre même à Batavia, et ensuite à Surinam. L'expérience démontra alors qu'il en était du caféier comme de beaucoup d'autres plantes, dont la semence ne lève

point si elle n'est pas mise en terre avant son
entier déssèchement.

Quand le fruit est devenu rouge foncé, on le porte
au *moulin*, — un autre moulin que celui dont vous
venez de nous parler, Louise. Ce moulin est composé de deux rouleaux de bois, garnis de lames de
fer, longs de dix-huit pouces sur dix ou douze de
diamètre : ils sont mobiles et, par le mouvement
qu'on leur donne, ils s'approchent d'une troisième
pièce, immobile celle-là, qu'on nomme *mâchoire*.
Au-dessus des rouleaux est une *trémie* dans
laquelle on met le café qui, tombant entre les
rouleaux et la mâchoire, se dépouille de sa première
peau et se divise en deux parties, dont il est
composé, comme on le voit par la forme du grain
qui est plat d'un côté et arrondi de l'autre. En
sortant de cette machine, il entre dans un crible de
laiton incliné, qui laisse passer la peau du grain à
travers ses fils, tandis que le fruit glisse et tombe
dans des paniers, d'où il est transporté dans des
vaisseaux pleins d'eau où on le lave après qu'il
a trempé une nuit. Quand la récolte en est finie et

bien séchée, on remet le café dans une autre machine, qu'on nomme *moulin à piler*. C'est une meule de bois, qu'un mulet ou un cheval fait tourner verticalement autour de son pivot. En passant sur le café sec, elle en enlève le *parchemin*, qui n'est autre chose qu'une pellicule qui se détachait de la graine à mesure que le café séchait. Débarrassé de son parchemin, on le tire de ce moulin pour être vanné dans un autre, qu'on appelle *moulin à van*. Cette troisième machine, armée de quatre pièces de fer-blanc posées sur un essieu, est agitée avec beaucoup de force par un homme, et le vent que font ces plaques nettoie le café de toutes les pellicules qui s'y trouvent encore mêlées. Ensuite il est porté sur une table, où d'autres individus en séparent tous les grains cassés et les ordures qui pourraient y rester. Après ces diverses opérations, le café est prêt à être mis en vente.

L'arbre qui donne ce fruit précieux ne prospère que sous un climat où l'hiver ne se fait pas sentir. Les curieux ne le cultivent ailleurs que dans des serres, en l'arrosant souvent, et uniquement pour

le plaisir des yeux. Le caféier se plaît ordinairement sur les collines et les montagnes, où
il a le pied presque toujours à sec et la tête
souvent arrosée par de douces pluies. Il préfère
l'aspect du soleil couchant, et il veut une terre
labourée sans aucun mélange d'herbes parasites.
Les plants doivent être mis à huit pieds de distance
les uns des autres, et dans des trous de douze à
quinze pouces. Naturellement, ils s'élèveraient à
environ vingt pieds ; mais on les arrête à cinq
environ, pour pouvoir cueillir commodément leur
fruit ; ainsi étêtés, il leur arrive d'étendre parfois
si loin leurs branches que souvent le terrain en est
entièrement couvert. Le caféier fleurit en décembre,
janvier ou février, suivant la température de l'air
ou la saison des pluies, et il donne son fruit en
octobre et novembre. Dès la troisième année de
sa croissance, il commence à récompenser les
soins du cultivateur ; mais il n'est en plein rapport
qu'à la cinquième. Sujet aux mêmes accidents que
la plupart des autres arbres, il est, de plus, exposé
à périr soit par la piqûre d'un ver qui le perce au

pied, soit par les coups de soleil qui lui sont aussi funestes qu'aux hommes mêmes. Sa durée dépend de la qualité de la terre dans laquelle il est planté. Le fond des coteaux qu'il occupe ordinairement est de tuf, ou de pierre calcaire. Dans l'un de ces sols, il meurt après avoir langui quelque temps ; dans l'autre, ses racines, qui manquent rarement de percer entre les pierres, attirent de la nourriture, donnent de la force au tronc, et le font vivre et produire environ trente ans. Tel est, à peu près, le terme d'un plant de caféiers. Le propriétaire, à cette époque, se trouve sans arbres et avec un terrain usé, où il n'est possible d'établir aucune espèce de culture : on pourrait dire qu'il a mis son bien à fonds perdu, même pour un temps fort limité. Son sort est désespéré si le hasard l'a placé dans une île resserrée et tout occupée : mais sur un vaste continent il peut remplacer un sol entièrement épuisé par un sol libre et vierge qu'il sera maître de défricher. C'est cet avantage qui a, notamment, multiplié les plantations de café dans notre colonie de la Guyanne.

Les Orientaux connaissaient le café avant le
IXᵉ siècle de notre ère. Les Turcs l'introduisirent à Constantinople en 1645. De cette ville il
passa en Italie, puis à Londres. Marseille est la
première ville de France où s'introduisit son usage.
Ce fut un ambassadeur ottoman qui, en 1669, le
mit à la mode à Paris. En 1670, Mᵐᵉ de Sévigné
imagina le café au lait. En 1672, un Arménien
nommé Pascal ouvrit le premier café public. Au
début, tout le café qui se consommait en Europe
était fourni par l'Orient. Cette denrée était primiti-
vement si rare, que le kilogramme valait ordinairement 280 francs. Il y a plusieurs variétés de café ;
le plus recherché est le Moka, que l'on retire des
environs de cette ville et de certains cantons de
l'Abyssinie. On le reconnaît à sa forme arrondie et
à son odeur forte et aromatique. Vient ensuite le
café Bourbon, en Afrique. Parmi les cafés d'Amérique, le plus renommé est celui de Cayenne, dans la
Guyanne Française, puis ceux de la Martinique, de
Saint-Domingue, du Brésil, de la Guadeloupe, de la
Havane. Maintenant, l'usage du café est presque

général ; c'est un breuvage salutaire, qui relève les forces, réveille l'intelligence, active l'énergie vitale.

ÉMÉLIE. — Tiens ! voici un couvreur qui monte sur le toit de la maison du boulanger !

MARIE. — Comment sais-tu que c'est un couvreur, Mademoiselle la savante ?

ÉMÉLIE. — Et le paquet d'ardoises qui est près de l'échelle ne te l'apprend-il pas ?

L'INSTITUTRICE. — Vous avez raison, Émélie, et, puisque vous êtes si clairvoyante, parlez-nous des ardoises.

ÉMÉLIE. — Les ardoises se trouvent dans la terre, on s'en sert pour couvrir les maisons et les édifices afin de les préserver de la pluie.

MARIE. — Elle est superbe ton explication !

L'INSTITUTRICE. — Voyons, Marie, soyez plus indulgente ! Émélie est bien jeune encore ! Je vais compléter ce qu'elle a dit : On appelle *ardoise* une espèce de schiste répandue en grandes masses dans la nature, et qui a la propriété de pouvoir se diviser en lames de l'épaisseur qu'on désire. Plus les ardoises sont dures et pesantes, meilleures elles sont. Les ardoises noires sont presque toujours les meilleures, les bleues-clair et les vertes sont bonnes, les bleues tirant sur le noir sont spongieuse. La France possède plusieurs *ardoisières* ou carrières d'ardoises d'une grande importance. Les plus considérables sont celles d'Angers, chef-lieu du département de Maine-et-Loire; et, dans le département des Ardennes, celles de Rimogne, de Fumay et de Deville. On se sert encore des ardoises pour faire des tablettes à écrire, des dessus de table et de billard, des tableaux noirs à l'usage des écoles.

Mais quels sont ces chants discordants accompagnés de rires sonores? C'est un chariot chargé de pesantes gerbes sur lesquelles garçons et filles de ferme ont pris place, ils chantent et ils rient de bon cœur. L'été a été splendide! la moisson sera rentrée de bonne heure ; elle est abondante, le cultivateur sera récompensé de ses peines. Tout le monde se réjouit ! Jusqu'aux oiseaux et aux poules qui fêtent aussi !...

L'Institutrice. — Voyez, mes petites amies, voici pour l'homme des champs la récompense de son travail et de son activité, il récolte aujourd'hui ce qu'il a semé. Vous aussi, mes enfants, vous récolterez plus tard ce que vous semez aujourd'hui. La semence pour vous, c'est l'étude dont le fruit est la science.

Allons dans le chantier de l'entrepreneur, les ouvriers sont absents à cette heure, nous pourrons causer librement : Voici un tronc de peuplier ; cette espèce d'arbre, ainsi que l'aune, l'érable et le platane, s'emploie pour les charpentes légères. Plus loin voici des bois de chêne, de hêtre et de frêne, pour les charpentes solides. La rareté du bois de construction devient plus grande de jour en jour ; ne pouvant se procurer assez de bois, on a recours au fer. Dans toutes les grandes villes, c'est par des barres de fer que sont supportés les

planchers et la toiture de la plupart des nouveaux
édifices. Continuons notre inspection : Voici des
pierres de taille ; des pierres de liais servant principalement pour les marches d'escalier, les balustra-
des et les corniches ; cette pierre est très tendre et
peut se couper facilement avec la scie. Voici des
pierres de grès pour le pavage. Voici du plâtre. Le
plâtre est très commun dans la nature, on le trouve
par bancs plus ou moins épais, qui forment quelquefois des collines entières. Avant de l'employer, on
fait cuire pour le dépouiller de l'eau qu'il renferme
à l'état naturel. Alors on le réduit en poudre, on le
passe au crible et on le livre au commerce.

Passons à la chaux que voici. C'est en faisant
calciner les pierres calcaires qu'on la fabrique. Le
calcaire qui donne la chaux ordinaire est commun
dans tous les pays. La calcination de la chaux a
pour but de la débarrasser de l'acide carbonique
qu'elle contient, et de lui donner la propriété
d'absorber l'eau, de former une pâte et de se solidifier
au bout de quelque temps. La chaux ordinaire se
divise en chaux *grasse* et chaux *maigre*. La chaux

grasse provient d'un calcaire presque pur. Mise en contact avec l'eau, elle augmente beaucoup de volume, s'échauffe, et forme une pâte forte et liante. La chaux maigre est extraite d'un calcaire qui renferme entre autres substances : de la magnésie, de l'oxyde de fer et du sable quartzeux. Mêlée avec l'eau, elle s'échauffe peu, augmente peu, et donne une pâte sèche.

J'aperçois des briques : Vous savez qu'elles se font avec un mélange d'argile rouge ou blanche et de sable que l'on pétrit ensemble avec de l'eau. La pâte qui résulte de cette opération est façonnée dans des moules, puis séchée lentement. On obtient ainsi des briques crues. Ces briques ne présentant pas assez une grande résistance, on les durcit en les exposant à un feu violent. Les meilleures sont celles qui rendent un son clair quand on les frappe. Les briques ont la forme de plaques carrées ou rectangulaires, leur épaisseur est d'environ cinq centimètres.

LOUISE. — Tiens ! voici le vitrier qui passe !

Voulez-vous, Madame, que je dise ce que je sais sur le verre à vitres?

L'Institutrice. — Volontiers, mon enfant.

Louise. — Le verre à vitres se fait avec un mélange de sable blanc, de sulfate de soude, de chaux, de charbon de bois, de bioxyde de manganèse et de fragments de verre blanc. Pour faire une vitre, l'ouvrier placé sur une espèce de pont de bois, qui se trouve à un ou deux mètres au-dessus du sol, cueille avec une canne la quantité de matière qui lui est nécessaire, et la façonne en cylindre en soufflant et tournant dans des moules absolument comme pour faire les bouteilles. Il coupe ensuite les deux extrémités du cylindre qui forme alors une espèce de manchon, il le fend dans toute sa longueur en promenant une tige de fer rougie sur le verre refroidi. Puis il l'introduit dans le four, où, sous l'action de la chaleur, il se ramollit, se développe, s'étend et se transforme en une plaque parfaitement plane. Pour poser la vitre, le vitrier prend la mesure, puis coupe le verre avec un dia-

Le monde solaire (page 108.)

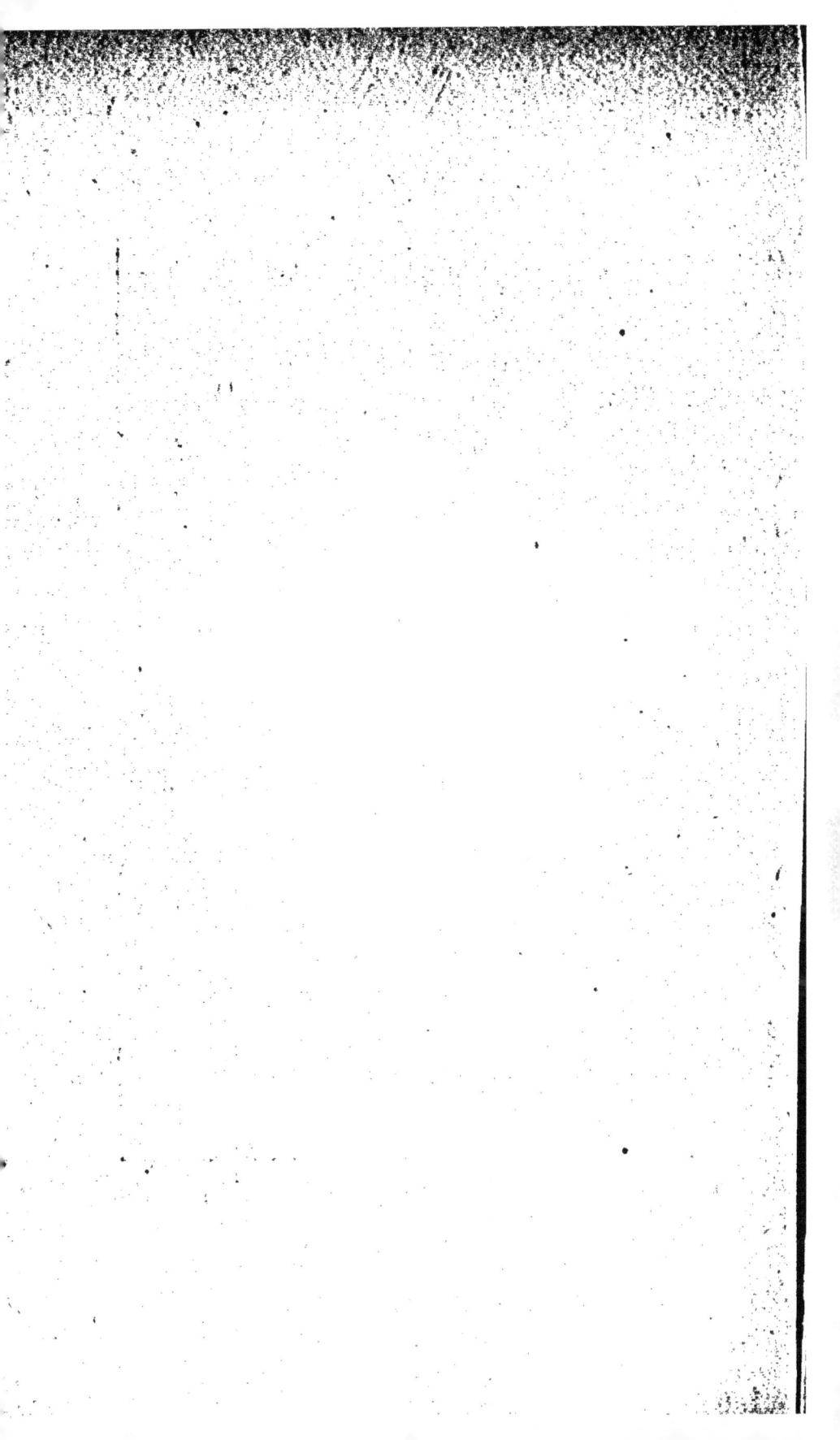

mant ; ensuite il pose ce verre contre la boiserie de la fenêtre et l'assujettit avec des pointes et du mastic. Le mastic est une pâte collante qui devient très dure en séchant. Elle est composée de blanc d'Espagne et d'huile de lin.

L'Institutrice. — Recevez mes compliments, Louise.

Nous voici devant la boutique du tailleur. Alphonsine va bien trouver quelque chose à nous dire là-dessus ?

Alphonsine. — Le tailleur taille et confectionne les habits d'homme, il leur donne une forme d'après la mode. Il emploie généralement les étoffes de laine, le drap. C'est avec la laine des moutons et de certains animaux, tels que la vigogne, le lama, l'alpaca, le castor, la chèvre du Thibet, la chèvre de Cachemire, que l'on fabrique ces étoffes. Les villes d'où l'on tire les draps fins sont : Sedan, Louviers, Elbeuf, Carcassonne, Castres, Beauvais, Vire, Abbeville, Limoux. On confectionne des draps moyens et grossiers à Châteauroux, Montauban,

Reims et Tours. On façonne des étoffes de laine à Paris, à Lyon, à Saint-Quentin.

L'Institutrice. — Dites quelques mots sur la fabrication.

Alphonsine. — On réduit en fils la laine qui doit servir à la fabrication des tissus; cette opération se fait à l'aide de machines. Comme celles du chanvre et du lin, les étoffes de laine sont composées de fils entre-croisés et disposés à angle droit: les uns, beaucoup plus forts, sont tendus parallèlement entre eux et forment la *chaîne;* les autres, qu'on passe entre les premiers, forment la *trame.* Une fois l'étoffe tissée, on la teint. Souvent aussi, avant de tisser la laine, on la passe à la teinture, après l'opération du *désuintage.* Le *foulage* fait disparaître les vides laissées par le tissage, et, par conséquent, rend l'étoffe plus solide; enfin, on lui donne de l'apprêt et du lustre.

L'Institutrice. — Bien, ma petite fille. Nous voici devant l'atelier du menuisier. Qu'y voyez-vous, Pauline ?

PAULINE. — J'aperçois le pot à colle.

ÉMÉLIE. — Oh! oh !

PAULINE. — Je sais bien qu'il y a autre chose, mademoiselle la moqueuse ! mais c'est le pot à colle que j'ai aperçu le premier ! alors je vais parler sur la colle : Pour faire de la *colle-forte*, on fait bouillir dans de l'eau les tendons, les muscles, les intestins des bœufs et des chevaux ; il en résulte un liquide épais, qui, en se refroidissant, forme une gelée que l'air rend dure, cassante, incolore, sans saveur ni odeur. On a donné à cette substance le nom de *gélatine*. — J'entends souvent parler de la *colle de poisson*, est-elle faite avec du poisson ?

L'INSTITUTRICE. — Certainement. La colle de poisson est faite avec la membrane interne de la vessie natatoire de plusieurs espèces d'esturgeons. Ces poissons sont très nombreux dans le Volga et les autres fleuves qui se jettent dans la mer Caspienne. On emploie la colle de poisson pour clarifier le vin, donner le lustre et la consistance aux tissus de soie, faire le taffetas d'Angleterre et les fausses perles.

PALMYRE. — Je vois des clous! je vois des clous! voulez-vous que je prenne la parole, Madame?

L'INSTITUTRICE. — Volontiers.

PALMYRE. — Les *clous* se fabriquent de trois manières : forgés, découpés, fondus. Les clous forgés se font avec du fer de première qualité. Chaque ouvrier a plusieurs verges de ce fer à sa disposition et toujours un certain nombre de verges au feu pendant qu'il en travaille une. Il forge d'abord la pointe, puis il coupe le clou sans le séparer entièrement de la verge, il l'introduit dans un moule de fer percé d'un trou ; ce moule s'appelle *cloutière*. On façonne la tête à coups de marteau. Un ouvrier peut faire douze, quinze et même vingt clous par minutes, suivant leur grosseur. Les clous découpés à froid se découpent dans la tôle, le zinc et le cuivre ; on s'en sert pour le doublage des vaisseaux. Les clous fondus se fabriquent de même que tous les objets coulés.

L'Institutrice. — Je suis très satisfaite de vous, Palmyre.

Émélie. — J'aperçois un établi auquel est fixé un étau en bois, puis des rabots, des varlopes, des ciseaux, des gouges, des scies grandes et petites, des maillets, des marteaux, des équerres, des règles, des compas, des volets, des vilebrequins, des mèches, des vrilles, des tenailles, des trusquins, un mètre pliant, un gros crayon et des planches de plusieurs espèces.

L'Institutrice, — Vous oubliez les cercles de barriques. Vous savez qu'au village le menuisier est un peu tonnelier à l'occasion. Les cercles se font en bois de châtaigner, en frêne, en chêne, en saule et en bouleau. On courbe le bois à l'aide de la chaleur. On emploie ou le feu, ou l'eau bouillante, ou la vapeur d'eau, ou le sable chauffé. Sous l'influence de ces agents, le bois s'amollit tellement qu'on peut lui donner les formes les plus variées sans qu'il puisse les perdre en se refroidissant.

Une mendiante s'est approchée des promeneuses, elle tend vers elles une main suppliante et murmure :

« Une petite charité, s'il vous plaît ! »

— Ce n'est pas une pauvresse du pays, dit Élise ; il me semble qu'elle a un nez rouge qui ne nous dit rien de bon!.. J'ai encore un sou dans ma poche, mais je ne le lui donnerai pas !

L'INSTITUTRICE. — Et vous aurez tort!.. D'abord, cette femme est vieille et infirme, par conséquent hors d'état de gagner sa vie. Ne nous occupons pas de ses défauts, songeons plutôt à ses besoins !

Si chacun prenait ce prétexte pour ne pas secourir cette malheureuse, ou elle mourrait de faim à notre porte peut-être, ce qui serait une honte pour nous, ou elle deviendrait voleuse. Voudriez-vous que votre dureté de cœur la poussât à cette extrémité?

Croyez-moi, mes petites amies, soyez charitables ; dussiez-vous, neuf fois sur dix, mal placer votre aumône !

— Merci, ma petite demoiselle, dit la mendiante à Élise qui lui a donné son sou. Merci, mes bonnes petites âmes, dit-elle encore à plusieurs fillettes qui ont suivi l'exemple de leur compagne. Dieu vous le rendra en vous inspirant tous les bons sentiments qui font de la femme sa meilleur création !...

Ne vous gênez pas, allez ! dites tout haut ce que je devine que vous vous dites à voix basse... Vous êtes étonnées de m'entendre parler ainsi ! Sous les haillons qui m'abritent à peine on ne peut, en effet, deviner que je n'aie pas toujours été ainsi ! Oui, mes petites, j'ai connu des jours prospères, mais mes pauvres parents qui m'idolâtraient m'ayant élevée sans prévoyance de l'avenir, lorsque la ruine est venue et que la mort me les a enlevés, je n'ai pas eu le courage de travailler pour gagner ma vie ! Pour satisfaire mes goûts de coquetterie et de gourmandise, j'ai parcouru tous les degrés du vice ! Puis, la misère est venue avec la vieillesse ! Repoussée de tous, je vais de pays en pays demandant le pain de l'aumône, couchant à la belle étoile lorsqu'on me refuse un coin dans la grange, et même dans la niche du chien que ma misère repousse aussi !

Que cet exemple vous profite, mes petites, c'est ce que je vous souhaite pour vous remercier de votre bon cœur.

La vieille se remet en route sur ces paroles, marchant péniblement en s'appuyant sur son gros bâton.

Il est temps de rentrer chacun chez soi.

Les enfants, l'air grave et réfléchi, encore impressionnées de ce qu'elle viennent d'entendre, se dirigent en silence vers la maison de leurs parents.

III

Nos petites promeneuses vont accomplir leur
dernière excursion de l'année; aussi sont-elles
moins gaies que d'ordinaire, ce qui fait dire à
Émélie : « Elles ont l'air joliment raisonnables ces
demoiselles ! moi aussi, je vais prendre une figure
sérieuse !... si je peux... » Si encore il pleuvait ce
serait facile, mais il fait soleil et cela rend le
cœur gai !

Élise. — Madame, on voit le soleil aujourd'hui,
voulez-vous nous en parler, ainsi que du monde
solaire?

L'Institutrice. — Quelle bonne mémoire vous avez, Élise!

Je vous dirai peu de chose sur ce sujet ; l'astronomie est une science que je connais peu et qu'il n'est guère nécessaire que vous appreniez.

Le *soleil* est un million quatre cent mille fois plus gros que la terre. Il est à peu près rond comme une boule. Il reste fixe à la même place, quoiqu'il paraisse faire le tour de la terre ; seulement, il tourne sur lui-même dans l'espace de vingt-cinq jours et environ douze heures. C'est pour se conformer aux apparences que l'on dit que le soleil se lève et se couche ; réellement, c'est la terre qui, faisant en vingt-quatre heures un tour complet sur elle-même, présente ainsi successivement chacune de ses contrées devant le soleil. Cet astre est bienfaisant, nous lui devons la lumière et la chaleur. Les anciens peuples l'adoraient sous le nom d'Isis. Quant au monde solaire, ce serait véritablement de tout un monde d'astres, d'étoiles, de planètes à vous entretenir, et je le répète, tout cela sans grande nécessité pour vous, je vous renvoie donc simplement au tableau « *le Système solaire*, » appendu au mur de notre classe.

Mais voyez, l'épicière nous fait signe d'entrer chez elle, rendons-nous à son invitation.

Et voilà tout le petit monde installé dans le magasin d'épicerie. Ce n'est pas l'heure de la vente, et l'épicière est bien aise d'entendre ce que vont dire les petites écolières, dont sa fille fait partie. On s'assied sur les caisses, sur tout ce que l'on trouve.

L'INSTITUTRICE. — Vous savez, Marie : A tout seigneur tout honneur ! Vous êtes chez vous, parlez la première.

MARIE. — Que de choses à dire ! je ne sais par où commencer ! Nous avons parlé du café, du sucre ; je vais dire ce que je sais sur le sel : Le *sel* se présente sous deux formes dans la nature : l'une solide, qu'on appelle *sel gemme;* l'autre en dissolution dans les eaux de la mer, on l'appelle *sel marin.* Le sel gemme se rencontre dans la terre en amas considérable, il est, généralement, plus blanc et plus

transparent que le sel marin. On l'extrait par les
mêmes procédés que les autres minéraux. Les plus
importantes mines de sel, hors d'Europe, sont celles
du Pérou et du Chili. En Europe, les plus remarquables sont celles de Wielicska, en Pologne; de
Norwich, en Angleterre; de Cardona, en Catalogne.
La France possède des gîtes de sel gemme dans le
département de la Meurthe, dans les Hautes-Pyré-
nées. On trouve aussi du sel dans quelques lacs,
en Sibérie, en Afrique, en Hongrie. L'Allemagne
possède des sources salées. En France, on connaît
celles de Sausses et de Moriez, dans les Basses-
Alpes; de Saulnot, dans la Haute-Saône; de Salins,
de Montmorot, de Lons-le-Saulnier, dans le Jura;
d'Arc, dans le Doubs. On extrait le sel des lacs, des
sources et de la mer par l'évaporation. Le sel ainsi
obtenu est grisâtre; on lui fait subir des opérations
pour le purifier, pour le débarrasser du sulfate de
magnésie qu'il contient et qui lui donne une saveur
amère. Nous avons des marais salants dans les départements d'Ille-et-Vilaine, du Morbihan, de la
Loire-Inférieure, de la Vendée, de la Charente-In-

férieure, de la Gironde, sur l'Océan; des Pyrénées-Orientales, de l'Aude, de l'Hérault, du Gard, des Bouches-du-Rhône, du Var et de la Corse, sur la Méditerranée. On fait un grand usage du sel dans l'économie domestique; on, s'en sert pour conserver les viandes et les poissons, pour assaisonner la nourriture; son bas prix permet d'en faire usage pour l'alimentation des bestiaux. On s'en sert dans les arts industriels, la médecine et l'agriculture.

L'INSTITUTRICE. — Bravo, Marie! vous vous êtes surpassée pour faire honneur à votre maîtresse et plaisir à votre mère. Je vous en remercie. A votre tour, Louise.

LOUISE. — Je vois écrit sur une boîte : poivre. C'est de cette épice que je vais parler. Le *poivre* est la graine, récoltée avant sa maturité, d'un arbrisseau des îles de la Sonde et de la presqu'île de l'Inde. De toutes les épices, le poivre est la plus répandue. Il y eut une époque où toutes les épices portaient le nom de poivre, et les épiciers celui de *poivriers*. Le prix en était très élevé avant la décou-

verte des Indes Orientales par les Portugais(1498).
— J'aperçois des *clous de girofle* dans un bocal.
Pendant que j'y suis, je vais vous dire que c'est la
fleur cueillie, avant son épanouissement, d'un arbrisseau, le *giroflier*, originaire des Moluques ; il a
été introduit dans l'Ile de France, dans la Guyane
et aux Antilles.

ÉMÉLIE. — C'est piquant tout ce que tu nous as
dit ! moi, je préfère la douceur ! J'aperçois du chocolat. Moi qui l'aime tant ! Voulez-vous, Madame,
que je dise ce que j'en sais ?

L'INSTITUTRICE. — Parlez, petite friande ! nous
vous écoutons.

ÉMÉLIE. — Le *chocolat* est une préparation ali-
mentaire, fabriquée avec du sucre et du cacao. Le
cacao est la graine d'un arbre d'Amérique, le *ca-
caoyer*. Après avoir retiré l'écorce du cacao, on le
torréfie, on le moud et on y ajoute du sucre, on
mêle les deux substances au moyen de machines.
Grâce à une huile dite *beurre de cacao*, que la

graine renferme, le mélange ne tarde pas à former une pâte épaisse, qu'on aromatise. On le raffine, et on le verse dans des moules de diverses formes.

L'Institutrice. — C'est bien, Émélie, je vais compléter ce que vous avez dit : Les Espagnols sont les premiers Européens qui aient connu le chocolat ; ils avaient appris des Mexicains à le préparer. On prétend qu'il a été introduit en France par Alphonse de Richelieu, frère du ministre de Louis XIII. L'usage ne s'en est généralisé que vers la fin du xvii° siècle. — On ne vous entend pas, Alphonsine !

Alphonsine. — Je suis en admiration devant les jolis paquets de chicorée recouverts d'une belle image ! La *chicorée* n'est autre chose que la racine de chicorée sauvage, torréfiée et réduite en poudre. On la mélange au café pour en adoucir les propriétés excitantes. La fabrication de la chicorée paraît originaire de la Hollande. Elle a été introduite en France vers 1801. On en fabrique en Belgique, en Angleterre et dans nos départements du nord. On en consomme par an plusieurs millions de kilo-

grammes dans notre pays. — Et toi, Palmyre, es-tu
devenue muette ?

PALMYRE. — J'aperçois de jolies petites boîtes
d'amidon : L'*amidon* est une poudre blanche et
sans saveur qui se trouve dans la plupart des végétaux. L'amidon s'extrait principalement des céréales :
blé, orge, avoine, millet, seigle, maïs, riz. L'amidon
dissous dans l'eau se convertit en une matière collante qu'on nomme *empois* et qui sert à donner de
l'apprêt au linge. Je ne puis pas dire comment on
fabrique l'amidon, car je ne le sais pas !

L'INSTITUTRICE. — Je vais vous l'apprendre. Il y a
plusieurs procédés, voici le plus récent. Le grain
moulu est d'abord réduit en pâte, ensuite on l'enferme dans un cylindre, en toile métallique, auquel
on imprime un mouvement continu, pendant qu'un
filet d'eau tombe sans cesse sur la pâte. L'amidon,
entraîné par l'eau, s'échappe à travers les mailles
de la toile, et va tomber dans un récipient destiné
à le recevoir. La matière visqueuse et collante qui
reste dans l'appareil s'appelle *gluten*.

MARIE. — Voyez les belles briques de savon ! Le *savon* est composé d'huile, de soude ou de potasse. Dans les pays où l'huile manque, on la remplace par de la graisse. Toutes les huiles sont bonnes, mais on se sert de préférence de l'huile d'olive de seconde expression. On mêle les deux substances de manière à former une pâte qui durcit en séchant; on la marbre de bleu en y introduisant un peu de couperose de fer. Le savon peut être aromatisé avec des essences pour les usages de la toilette. La soude est l'élément principal des savons durs. Les savons mous se fabriquent avec de la potasse, ils sont verts ou noirs. Marseille est, pour la France, le centre de la fabrication des savons de soude. Voudriez-vous, Madame, nous dire ce que c'est que la soude, la potasse, et la couperose de fer ?

L'INSTITUTRICE. — Volontiers, chère enfant. On obtient la *soude* en réduisant en cendres des plantes qui croissent sur les bords de la mer et des étangs salés. Une des plus belles variétés de ce sel est

celle que l'on extrait du varech. La soude se fabrique dans presque toutes les villes maritimes. La
potasse est un sel contenu dans les cendres. La
couperose de fer, qu'on appelle aussi *vitriol vert*
et *sulfate de fer*, est une substance cristallisée,
transparente et d'un beau vert, que l'on prépare
avec de vieilles ferrailles ou une sorte de minerai
de fer et de l'acide sulfurique. — Louise, levez les
yeux, voyez toutes ces chandelles enfilées à des
bâtons! allons, paresseuse, dites-nous quelque
chose.

Louise. — La *chandelle* est fabriquée avec de la
graisse de mouton et de la graisse de bœuf ou de
vache. Ordinairement, on emploie deux parties de
graisse de mouton et une partie de graisse de bœuf.
Les chandelles ordinaires, ou *chandelles à la baguette*, se font en pliant une mèche de coton en
double et en l'enfilant sur une baguette. Quand
plusieurs mèches sont enfilées, on les trempe à
plusieurs reprises dans un bain de suif fondu,
jusqu'à ce que les chandelles aient acquis une gros-

seur suffisante. Les *chandelles moulées* se font
dans des cylindres creux de fer blanc, de plomb
ou d'étain, terminés en cône à une extrémité et
munis à l'extrémité opposée d'une espèce de
petit entonnoir; on les garnit d'une mèche de coton
qui est retenue par un crochet au-dessus de l'entonnoir, puis on verse sur chacun d'eux le suif nécessaire pour le remplir. Le suif ne tarde pas à se
figer et la chandelle est fabriquée; on l'expose à
la rosée pour la blanchir.—Pour racheter ma paresse
passée, je vais vous dire quelques mots sur la
bougie. Chevreul et Gay-Lussac, chimistes français, découvrirent que les graisses sont composées
de deux substances, l'une appelée *oléine*, qui tient
de la nature de l'huile; l'autre, appelée *stéarine*,
qui tient de la nature de la cire. On fait avec la
dernière de ces substances des chandelles qui
ressemblent à la bougie. La mèche des bougies est
tressée, ce qui fait qu'elle se consume entièrement
en brûlant. On fait les véritables bougies et les
cierges avec de la cire. On suspend à un crochet
les mèches de fil et de coton tressées et un peu

cirées, puis on verse avec une cuiller de la cire
fondue sur toutes les mèches en ayant soin de les
faire pirouetter. On les fait sécher, on les roule sur
une table mouillée, on les couvre d'une nouvelle
couche de cire, et on continue jusqu'à ce que les
bougies et les cierges aient atteint la grosseur
voulue. Les *bougies transparentes* se fabriquent
avec un mélange de cire et de blanc de baleine.
Le *blanc de baleine* est une espèce de graisse
solide qui se trouve dans une partie du crâne du
cachalot, grand cétacé qui ressemble à la baleine.

L'INSTITUTRICE. — Comme vous l'avez dit, Louise,
vous avez racheté votre paresse! C'est bien, mon
enfant. — A Alphonsine.

ALPHONSINE. — J'aperçois un bidon à pétrole. Le
pétrole est un bitume liquide dont la terre renferme
des quantités inépuisables. On en a découvert d'a-
bondantes sources en Amérique. On se sert du
pétrole pour l'éclairage dans des lampes faites pour
cet usage; il donne une vive clarté, mais il exhale
une odeur insupportable et il est explosible, ce qui

en rend l'usage dangereux, à raison surtout des incendies qui sont presque toujours la conséquence de l'explosion. A ce que racontent les voyageurs, rien de terrible comme l'incendie d'une source de pétrole. Il faut alors des efforts surhumains pour enterrer les flammes terrifiantes sous des amas de terre ; c'est le seul moyen d'arrêter l'incendie.

Parlons maintenant des *huiles d brûler*. Les huiles qu'on emploie le plus souvent pour l'éclairage sont les huiles de graines, particulièrement du colza et de la navette ; on brûle aussi l'huile de noix et de lin. Le *colza* et la *navette* sont des espèces de choux, de la famille des *crucifères*. On broie leurs graines sous la meule d'un moulin, on enferme dans des sacs l'espèce de pâte qui résulte de cette opération, puis on la soumet à une forte pression ; l'huile qui en découle est alors clarifiée et livrée au commerce. Les autres huiles s'extraient à peu près de la même manière. — Je vais aussi parler des *allumettes*, il me semble que cela fait suite. Du reste, en voici une boîte sur le comptoir. L'invention des allumettes chimiques date des premières années de ce siècle.

Avant cette époque, on obtenait du feu au moyen du *briquet*, morceau d'acier avec lequel on frappait sur le bord d'un silex pyromaque. La force du choc déterminait des étincelles qui, tombant sur un fragment d'amadou, l'enflammaient rapidement. L'*amadou* est la partie la plus charnue d'un champignon qui croît sur les vieux chênes. On le divise par tranches, qu'on bat et qu'on étire en les mouillant de temps en temps. Ensuite, on les foule et on les bat à sec, puis on les fait bouillir dans une dissolution de salpêtre. Pour fabriquer les allumettes chimiques, on prend du bois bien sec, du tremble ou du bouleau, on le divise en bûchettes très minces, on trempe un des bouts de ces bûchettes dans un bain de soufre fondu, ensuite dans une pâte qui consiste en un mélange de phosphore, de colle-forte ou de gomme, d'eau et de sable fin ; on donne à cette pâte la couleur bleue ou la couleur rouge à l'aide du bleu de Prusse ou du vermillon.

L'INSTITUTRICE. — Bravo, Alphonsine ! — Qui va parler du thé ? En voici une superbe boîte pleine !

MARIE. — Le *thé* est la feuille desséchée d'un arbrisseau qui croît en Chine, au Japon et dans toute l'Asie orientale. Les Hollandais, qui en avaient appris l'usage des Chinois, le firent connaître en Europe vers la fin du XVII° siècle. La Chine fournit presque tout le thé qui est consommé en Europe. Les tentatives faites pour introduire cette culture en Amérique n'ont pas réussi. Le thé, quand il vient d'être cueilli, est âcre, amer et sans odeur. Les Chinois le grillent très légèrement dans des chaudières, puis ils en expriment avec les mains un jus verdâtre et corosif qu'ils renferment et auquel il doit son amertume ; ensuite ils le remettent dans les chaudières, où, en séchant rapidement, il se crispe et se roule; enfin, ils le passent à travers des cribles pour en former diverses qualités commerciales suivant son degré de grosseur. Dans le commerce, on distingue le thé noir et le thé vert; chacune de ces espèces fournit six ou sept qualités, dont les différences proviennent de la nature de l'exposition, ou de la culture du sol, de l'époque de la récolte, des méthodes de préparation. Le thé est la boisson nationale des Chinois.

L'INSTITUTRICE. — Bien. Mais je dois encore, ma chère Marie, compléter vos renseignements, tellement cette feuille et l'infusion qu'on en retire sont aujourd'hui, elles aussi, d'un usage répété.

Le *théier*, dont la racine a de la ressemblance avec celle du pêcher, s'élève à cinq ou six pieds de hauteur. Son tronc est environné de plusieurs tiges d'égale longueur, sans branches jusqu'à leur sommet et grosses chacune comme le pouce, qui se divisent en plusieurs rameaux et forment ensemble une touffe pareille à la tête des myrtes. Les feuilles qui entrent dans la composition de cette touffe ont un ou deux pouces de longueur, sont étroites, constamment d'un beau vert et dentelées. Les fleurs que cet arbrisseau produit, depuis le mois d'octobre jusqu'à celui de janvier, diffèrent peu de celles de nos rosiers blancs.

Le thé croît, d'ordinaire, au pied des collines et dans les plaines; mais celui qui pousse dans les

terrains pierreux est préférable à tous les autres.
Vient ensuite celui que l'on plante dans les terres
légères. Celui qui se trouve dans le terres jaunes
est moins estimé.

En quelque endroit qu'on le cultive, on doit
toujours l'exposer au midi. On sème les graines
dans des trous de quatre à cinq pouces de pro-
fondeur. Il faut en semer plusieurs ensemble, vu
que sur cinq ou six il n'en germe souvent qu'une
seule. Tous les ans, à mesure que l'arbuste s'élève,
on doit engraisser la terre qui l'entoure. Au bout
de trois ans, il commence à rapporter d'excellentes
feuilles ; il en fournit moins à l'âge de sept ans :
alors on le coupe à sa tige, et l'année suivante il
pousse un grand nombre de rejetons revêtus de
feuilles. Ces feuilles se tirent l'une après l'autre et
ne s'arrachent pas par poignées. Ce travail paraît
long ; cependant, un homme qui s'en occupe parvient
à en cueillir une douzaine de livres dans sa journée.

C'est au commencement de mars que la première
récolte a lieu. Comme à cette époque les feuilles
sont à peines déployées et très tendres, elles sont

les meilleures de toutes et produisent le thé que les
Chinois nomment *impérial*, parce qu'il est destiné
à l'empereur et à sa maison. La seconde récolte a
lieu en avril; les feuilles alors sont plus abondantes
et plus grandes, mais leur qualité est inférieure à
celle des premières. Enfin, la troisième et dernière
récolte se fait en mai et ne fournit qu'un thé de
l'espèce la moins recherchée.

Ne croyez pas, mes enfants, que l'usage de l'infusion du thé chez les Chinois ait été dû à un ca-
price frivole. En voici l'origine : comme dans tout
le Céleste-Empire, surtout dans les provinces
basses, les eaux sont malsaines et désagréables, on
chercha plusieurs moyens pour y remédier, et de
tous ceux qui furent employés l'usage du thé fut
le seul dont l'efficacité demeura reconnue. Dans la
suite, on se persuada qu'il avait encore d'autres
qualités, qu'il était un très fort dissolvant, qu'il for-
tifiait la tête et l'estomac, qu'il facilitait la diges-
tion, qu'il purifiait le sang, qu'il était un excellent
diurétique, qu'enfin il écartait ou même affaiblissait
les maladies chroniques. La haute opinion que les

premiers voyageurs européens qui visitèrent la
Chine se formèrent du peuple qui l'habite leur fit
adopter aveuglément l'idée, peut-être exagérée,
qu'on y en avait au sujet du thé, et ils nous ont
communiqué leur enthousiasme, qui a été toujours
en croissant dans le nord de l'Europe, principalement dans les contrées où l'atmosphère est chargée
de vapeurs, comme en Angleterre et en Russie.
Les habitants de l'Amérique Septentrionale en font
aussi une consommation très considérable.

Ce qui est exact, c'est que l'usage du thé produit d'heureux effets. Pourtant, ces effets ne peuvent être comparés à ceux que l'on remarque dans
son lieu d'origine. Les Chinois, en effet, gardent
le meilleur pour eux; ils mêlent à celui qu'ils
vendent d'autres feuilles qui, quoique ressem-
blantes pour la forme, ont peut-être des vertus
opposées; d'autre part, la grande exportation qui
s'en fait les a rendus moins difficiles sur le choix
du terrain et moins vigilants pour les prépara-
tions. Notre manière de prendre cette boisson ne
remédie pas à ces infidélités commises par les

premiers marchands. Nous le buvons trop chaud
et trop fort, nous y mettons toujours trop de
sucre, souvent même des odeurs et des liqueurs
nuisibles. En outre, le long trajet qu'il fait sur
mer suffit souvent pour lui faire perdre une partie
de son parfum et de ses qualités bienfaisantes.

Mais c'est assez s'occuper du thé. Passons maintenant, mes enfants, à un autre ordre d'idées.

A qui le tour de parler maintenant ?

ÉLISE. — A moi! Je vais laisser de côté les
épices. J'aperçois une boîte sur laquelle est écrit:
aiguilles et épingles, je vais tâcher de bien m'expliquer! Les *aiguilles* sont fabriquées avec du fil
d'acier de première qualité. Le fabricant commence
par s'assurer si l'acier est d'une grosseur uniforme
dans toute sa longueur; cela fait, on coupe les fils
de la longueur de deux aiguilles à l'aide d'un instrument qui fixe les dimensions. Un ouvrier dresse
ces fils, au nombre de six mille à la fois; un autre
les aiguise par les deux bouts pour faire les deux
pointes ; un troisième les coupe de la longueur

que doit avoir chaque aiguille, le *palmeur* aplatit les têtes. Les aiguilles sont recuites au four, puis le *perceur* les perce à moitié avec un poinçon, le *troqueur* termine les trous. Ce sont des enfants qui font ces deux opérations avec une vitesse incroyable.

L'*évideur* fait la cannelure et arrondit les têtes. On marque d'un *y* les aiguilles soignées, on les redresse, on les trempe, on les décrasse, on les recuit, on redresse celles qui se sont faussées pendant cette dernière opération, ensuite on les livre au *polisseur;* cette opération dure plusieurs jours; on forme des paquets qui en contiennent cinq cent mille, et une seule machine, dirigée par un seul homme, polit en même temps vingt ou trente paquets. Après le polissage, on dégraisse les aiguilles en les faisant tourner dans un tonneau contenant de la sciure de bois, puis on les dépose dans des boîtes, on les essuie et on les trie. Le triage a lieu dans un atelier très sec. Un ouvrier met toutes les têtes d'un même côté, c'est ce qui s'appelle *détourner les aiguilles;* un autre ouvrier en fait deux tas, selon qu'elles sont plus ou moins

polies. Un troisième met do côté celles dont la
pointe est cassée, un quatrième redresse celles
qui se sont courbées, un cinquième les range en trois
parts selon leur longueur. L'affinage et la mise
en paquets sont les dernières opérations ; elles occupent aussi beaucoup d'ouvriers. L'on coupe des
carrés de papier, un second les plie au tiers de
leur largeur ; un troisième compte cent aiguilles
et les pèse, un quatrième achève de plier les paquets, un cinquième écrit sur chaque paquet le
numéro des aiguilles, le nom et la marque du fabricant, un sixième applique la marque de la maison, un septième réunit dix paquets en un, pour en
faire ce qu'on appelle *un millier*. Les bonnes aiguilles viennent d'Angleterre et d'Aix-la-Chapelle.
On en fabrique de grandes quantité en France, à
Laigle, dans le département de l'Orne. On fabrique
aussi des épingles à Laigle. Les *épingles* sont en
laiton blanchi. Leur fabrication est presque la
même que celle des aiguilles, excepté pour la tête,
qui se fait de plusieurs manières. Dans quelques
fabriques, une machine saisit le fil de laiton et

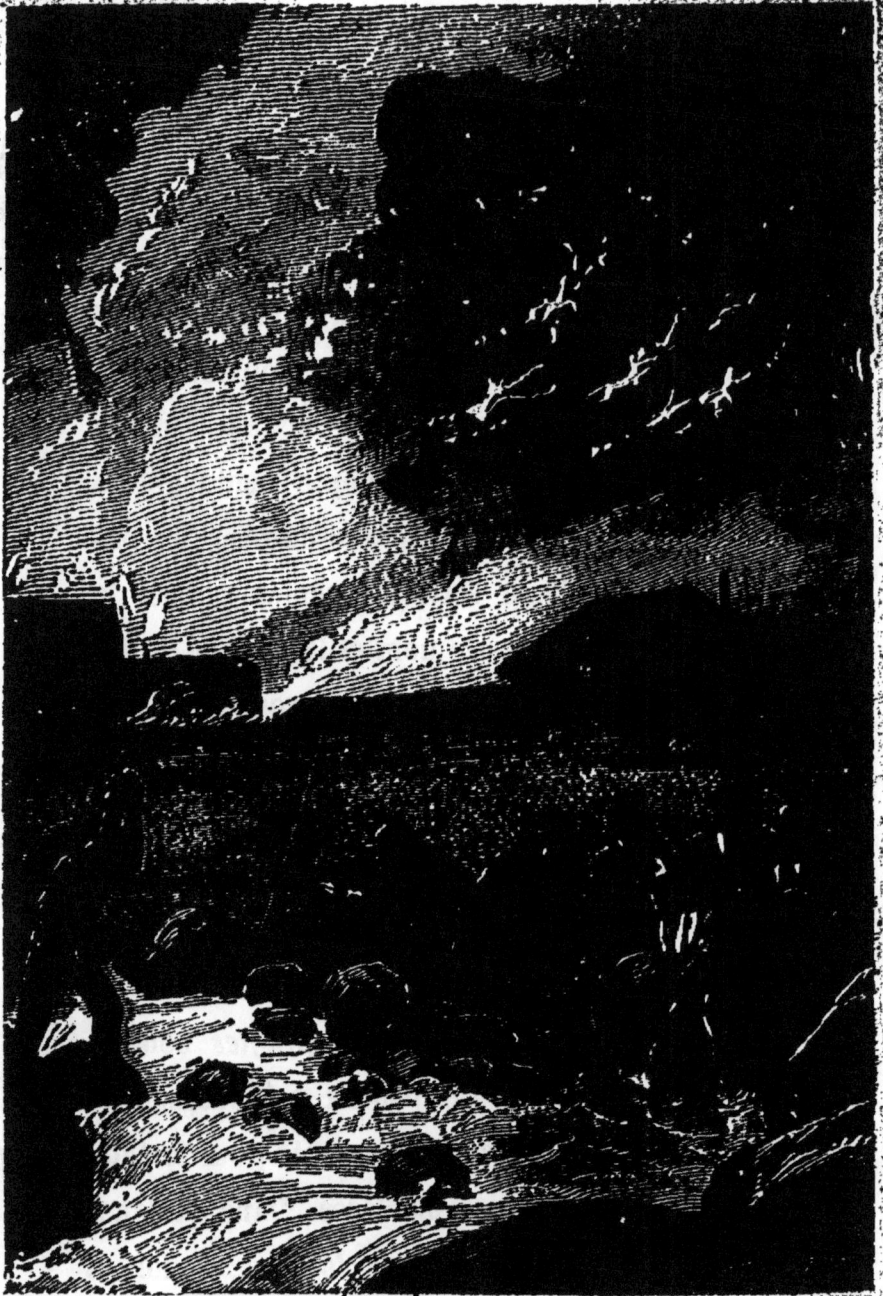

Incendie d'une source de pétrole (page 119).

comprime fortement le bout destiné à former la tête ; dans d'autres, on roule en spirale le fil de laiton et on le coupe en petites portions qui forment comme des espèces d'anneaux : ces anneaux sont ensuite enfilés sur les épingles, où on les fixe au marteau. Quand la tête et la pointe sont faites, on blanchit les épingles en les faisant bouillir pendant une demi-heure dans de la lie de bière ou de vin, avec de la crème de tartre, de l'eau et de l'étain en grenailles. Une épingle passe par les mains de quatorze ouvriers, qui peuvent en faire cent milliers par jour.

Ouf ! heureusement que c'est fini ! êtes-vous contente de moi, Madame ?

L'Institutrice. — Oui, chère enfant ! je ne regrette qu'une chose, c'est que vous ne vous fassiez pas écouter plus souvent. Allons, Marie, vous êtes une des plus âgées, votre tour doit revenir plus souvent. Que trouvez-vous à dire ?

Marie. — Quelques mots sur les éponges que j'aperçois dans un bocal.

L'éponge est un produit animal. C'est un tissu flexible formé d'une infinité de petits tubes qui se distendent considérablement quand ils sont remplis d'eau. Les éponges sont fixées aux rochers, elles sont semblables à des masses gélatineuses formées par le groupement de petits animaux. Au bout de quelque temps, cette masse devient fibreuse et constitue l'éponge telle que nous l'apercevons. Les éponges sont presque toutes tirées de l'archipel grec.

— Et le papier, Madame, d'où vient-il? fit ingénument la petite Angélina, à peine âgée de cinq années, qui s'était mêlée avec les élèves. Et la mignonne mouvait une feuille de papier sur le bureau.

L'Institutrice. — Le papier, ma petie chérie, se fait le plus souvent avec de vieux chiffons de chanvre, de lin ou de coton, réduits en bouillie. L'invention du papier a eu lieu en Asie, peut-être en Chine, au second siècle de l'ère chrétienne. Avant cette époque, on écrivait sur du parchemin ou sur les feuilles d'un arbuste appelé *papyrus*, qui croissait en abondance en Égypte et dans plusieurs contrées de l'Asie Orientale. On doit la connaissance du papier aux Arabes, qui l'introduisirent en Espagne lorsqu'ils s'emparèrent de ce pays au viiie siècle. Aujourd'hui, la fabrication du papier est florissante dans presque tous les pays. Les papeteries françaises les plus florissantes sont celles d'Annonay, dans l'Ardèche; de Souche et des Archettes, dans les Vosges; d'Angoulême, dans la Charente; d'Ambert et de Thiers, dans le Puy-de-Dôme; de Rives, dans l'Isère.

— Comment ça se fait-il? insista Angélina, qui, de même que tous les enfants, n'abandonnait pas son idée.

L'Institutrice.—En effet, ma mignonne, l'historique du papier ne suffit pas, je vais donc en quelques mots vous en expliquer la fabrication:

Autrefois, on fabriquait le papier à la main; aujourd'hui, on se sert de mécaniques. C'est un Français, Louis Robert, employé à la papeterie de François Didot, à Essonne, qui inventa la première

machine, et c'est un Anglais, l'ingénieur Donkin,
qui la perfectionna. La machine améliorée a fonc-
tionné pour la première fois en France en 1811.
Voici comment s'opère la fabrication. Les chiffons,
une fois triés, lavés et blanchis, sont livrés à une
machine très compliquée et d'une grande dimension,
qui occupe parfois une longueur de 80 mètres.
Des appareils commencent par effilocher les chiffons
et les transformer en pâte: aussitôt que cette
pâte est terminée, elle tombe sur une toile métallique, qui la conduit entre des cylindres
formant comme des espèces de laminoirs ; ils sont
disposés en plusieurs groupes sur une assez grande
étendue. La pression des premiers cylindres
débarrasse la pâte d'une grande partie de l'eau
qu'elle renferme ; les autres, qui sont chauffés,
achèvent de la sécher, et elle arrive à l'extrémité
de la machine changée en une longue bande de
papier, parfaitement sec, qui s'enroule sur un
tambour. On dégage le papier, on le découpe au
moyen de machines spéciales, en feuilles de
dimensions diverses. On met ces feuilles en mains

et en rames. Pour les papiers à écrire, afin qu'ils ne puissent pas boire l'encre, on ajoute à la pâte une colle qui se compose de fécule, d'alun et d'un savon résineux particulier.

PALMYRE. — Puisqu'on a parlé du papier à écrire, si je parlais de la plume que j'aperçois au bout du porte-plume?

Pour faire des *plumes métalliques*, on choisit des planches d'acier de 1ᵐ,25 à 1ᵐ,50 de longueur, sur une largeur de 60 à 90 centimètres, et d'une épaisseur égale à celle que doivent avoir les plumes; on les découpe en bandes, on porte ces bandes dans des découpoirs, sur la forme desquels des jeunes filles les poussent de la main droite, tandis qu'elles mettent la machine en mouvement de la main gauche. Une seule ouvrière peut découper trois cents plumes par minute. A mesure que les plumes sont découpées, elles tombent dans une boîte où une deuxième ouvrière les prend pour les percer; une troisième y pratique deux fentes latérales pour leur donner de l'élasticité; une quatrième leur donne la forme demi-cylindrique; une cinquième pratique sur le bec la fente qui sert à faire couler l'encre ; une sixième abat les arêtes un peu trop vives qu'elles peuvent présenter ; une septième arrondit la pointe au moyen d'une meule. Enfin, on les jette en masse dans une terrine de fonte sous laquelle on allume un feu vif. Quand les plumes sont arrivées au rouge, on les plonge dans un vase où se trouve une composition de gomme laque et de plusieurs autres substances ; on les y laisse vingt-quatre heures, afin qu'elles puissent acquérir le degré de coloration désiré. On les met alors dans un appareil dans lequel il y a du sable fin, on les fait tourner avec rapidité pour les débarrasser de l'excédent de gomme qui les recouvre. Il ne reste plus qu'à les mettre en boîtes.

L'Institutrice. — C'est bien, Palmyre. Je n'ai que quelques mots à ajouter : La fabrication des plumes métalliques ne remonte guère au delà d'une quarantaine d'année. Pendant plusieurs siècles, les plumes d'oie ont été exclusivement en usage. On utilise les plumes de corbeau pour le dessin.

ÉMILIE. — Je suis bien sûre que personne n'a fait attention aux *poteries* qui sont au fond de la boutique! tant pis pour vous, Mesdemoiselles, c'est moi qui vais en parler.

Il y a plusieurs espèces de poteries, qui diffèrent entre elles par le plus ou le moins de fini du travail et surtout par la composition de la pâte et de la glaçure. Les pots que nous voyons, c'est ce qu'on appelle de la poterie commune. Elle se fabrique avec de l'argile figuline ou terre glaise, de la marne argileuse et du sable. La glaçure ou vernis renferme du plomb. La *faïence* commune est faite, comme la poterie, avec de la marne argileuse, de l'argile figuline et du sable; sa glaçure contient de l'étain au lieu de plomb. La faïence fine est faite d'argile plastique bien lavée et de silex ou quartz réduit en poudre, auquel on ajoute parfois un peu de chaux; la glaçure se compose de soude, de minium, de silice et d'acide borique. La composition de la pâte pour fabriquer le *grès* varie suivant les fabriques; en général, elles renferment de l'acide plastique, du sable et du silex. La *porcelaine* tendre, connue sous le nom de porcelaine anglaise, se fait avec du kaolin, du silex pyromaque calciné, de l'argile plastique, des os et du sable quartzeux ; sa glaçure renferme toujours du plomb. La porcelaine dure, qu'on appelle porcelaine chinoise, parce qu'elle est originaire de la Chine, se fait avec du kaolin excessivement pur, qui se trouve particulièrement dans les environs de Saint Yrieix, dans le département de la Haute-Vienne. On ajoute, quelquefois, au kaolin de l'argile plastique et de la craie. Sa glaçure se fait avec une pierre nommée *Pétunzé*. Quant à la fabrication, on fait une pâte avec les matières que j'ai nommées, puis on la façonne, on vernit et on met au four. — Je vous en prie, Madame, faites-nous l'historique de la poterie.

L'Institutrice. — Aucune des poteries dont Émélie a parlé n'était connue des anciens, qui ne savaient faire que des vases de terre séchés au soleil ou cuits au four. Les poteries vernies et glacées paraissent avoir pris naissance en Orient, d'où les Arabes d'Espagne les ont introduites en

Europe. Ce n'est qu'au xii° siècle qu'on a commencé
à faire en France des poteries vernissées, et au
xvi° siècle des poteries émaillées ou faïences communes. Aujourd'hui, les poteries communes se fabriquent à peu près partout. En France, les centres de
fabrication les plus importants pour les poteries et
faïences communes sont : Paris, Rouen, Nevers,
Sceaux; pour la faïence fine : Choisy, Creil, Monte-
reau, Sarreguenimes, Bordeaux et Chantilly; pour
la porcelaine : Sèvres, Limoges, Bordeaux et Creil.

ÉLISE. — Oh ! quel joli petit chat ! voyez Madame ?

L'INSTITUTRICE. — En effet. Puisque le hasard
nous l'envoie, et que c'est vous qui l'avez aperçu,
Élise, dites ce que vous savez sur cet animal.

ÉLISE. — Le *chat* est un animal domestique. Il
est naturellement méchant, voleur, d'un caractère
faux. Il a autant de goût pour le mal que d'adresse
pour le commettre. Quelques perverses que soient
les inclinations du chat, elles se corrigent, elles se
transforment en un caractère aimable de douceur
lorsqu'il est traité avec ménagement et qu'on l'a

habitué aux soins, aux caresses, à la familiarité. La couleur du poil du chat est très variée. La longueur ordinaire de son corps et de cinquante à cinquante-quatre centimètres, sa hauteur de seize à dix-neuf. Ces animaux voient mal pendant le jour, et ils le passent presque tout entier à dormir; ils voient parfaitement la nuit, et ils profitent de cet avantage pour guetter leur proie, la surprendre et l'attaquer. Ils marchent toujours obliquement et regardent de travers, ils ne s'approchent qu'en prenant des détours. Leur langue est hérissée de pointes aiguës recourbées en dedans. Ils ne peuvent mâcher que lentement et difficilement; leurs dents sont si courtes et si mal posées qu'elles ne leur servent qu'à déchirer et non pas à broyer les aliments. L'utilité du chat consiste principalement à nous délivrer des rats et des souris. Sa peau est employée par les fourreurs; son poil, mêlé avec de la laine, se file, et on en fait des bas et des gants. Le chat sauvage diffère peu du chat domestique, mais il est plus gros, plus fort, et il est aussi plus vorace et plus carnassier. Il a toujours les lèvres noires, le poil un peu rude, les oreilles plus raides et la queue plus grosse. On trouve des chats sauvages dans tous les pays.

L'Institutrice. — Bravo, Élise ! Voici bientôt l'heure où les ménagères viennent faire leurs provisions, il va être temps de nous retirer, mes enfants. A vous l'honneur de terminer notre causerie, Marie.

Marie. — J'aperçois des bouteilles et des carafes ; je vais parler du verre.

Il y a plusieurs espèces de *verre*, variant d'après la nature de leur composition et de leurs usages. Le verre commun sert surtout à faire des bouteilles. Les matières qui entrent dans sa fabrication sont : le sable ferrugineux, l'argile jaune, les cendres neuves, les cendres charrées ou lavées, la soude de varech et les tessons de bouteilles. Le cristal ordinaire se fait avec du sable blanc, de la potasse et du minium ; on en fabrique une multitude d'objets d'utilité et d'ornement. Il y a encore : le cristal de Bohême, le verre à vitres, le verre à glaces, le crown-glass, le flint-glass et le strass. Quel que

soit le verre que l'on veuille obtenir, on procède
toujours de la même manière : les matières premières sont réduites en poudre, puis mêlées avec
soin, et ensuite introduites dans des creusets d'argile réfractaire que l'on soumet dans des fourneaux
à l'action d'un feu très violent. Au bout d'un certain temps, ces matières fondent et forment une
pâte que l'on travaille de différentes manières, suivant la nature des objets que l'on veut obtenir.
Louise nous a expliqué comment on s'y prend pour
faire le verre à vitres; moi, je vais dire comment
on fait les bouteilles. Un ouvrier prend, dans le
creuset, une petite quantité de pâte avec un long
tube creux appelé *canne*. Un second ouvrier prend
la canne, la plonge une seconde fois dans le creuset
et lui imprime, en la retirant, un mouvement de
rotation qui donne à la pâte une forme allongée.
Un troisième ouvrier reçoit la canne des mains du
précédent, façonne la bouteille en soufflant et tournant sans cesse dans des moules en terre bien secs.
Il la retire ensuite du moule, la met dans une position verticale et en comprime le fond avec une pa-

lette pour le faire entrer dedans. Le cul de la bouteille est formé. On renforce l'extérieur du col en
y appliquant un petit cordon de pâte, puis on porte
la bouteille au four pour la faire recuire. Toutes ces
opérations durent à peine une minute pour chaque
bouteille. On ne sait pas au juste par qui, où et
quand le verre a été inventé. On sait qu'on en fabriquait de grande quantités en Phénicie et en
Égypte. Les anciens ne se servaient guère du verre
que pour faire des coupes. On n'a commencé qu'au
iii⁰ siècle de notre ère à employer le verre pour
garnir les fenêtres. Parmi les peuples modernes,
les Français se sont occupés les premiers de la fabrication du verre. Il existe de magnifiques verre-
ries dans toutes les parties de l'Europe. En France,
les plus remarquables sont celles de Saint-Gobain et
de Folembray, dans l'Aisne; de Cyrey et de Baccarat,
dans la Meurthe; de Clichy, de Sèvres et de Choisy-
le-Roi, près de Paris; de Saint-Louis, dans la Mo-
selle, et plusieurs autres importantes.

L'INSTITUTRICE. — Recevez mes félicitations, Marie,
ainsi que vos compagnes. Nous allons prendre

congé de Madame, et la remercier de l'hospitalité qu'elle nous a accordée.

L'épicière s'avance, les bras chargés de friandises ; elle est tellement enthousiasmée qu'elle distribue à toutes bonbons, biscuits, chocolat, et gratifie chacune d'un gros baiser sur la joue. Elle serre la main de l'institutrice en lui témoignant sa satisfaction pour ce qu'elle lui_a fait entendre, et on se sépare enchantées les unes des autres.

Mais quel est ce soldat pâle et décharné qui s'avance péniblement? Telle est la question qu'il est facile de lire dans les yeux de chaque écolière ; la fibre patriotique vibre déjà dans ces jeunes âmes. L'angelus sonne à l'église du village, le soldat s'est découvert, ses yeux sont humides !

Émélie. — Oh ! je le reconnais ! c'est le fils de défunt Mathieu. Pauvre garçon ! ils sont tous morts chez lui ! personne ne l'attend ! Tenez, j'ai envie de pleurer, tellement cela me semble triste ! Voulez-vous me permettre, Madame, d'aller l'embrasser ?

L'Institutrice. — Oui, bon petit cœur !

Et Emélie se jette au cou du militaire, qui, touché, laisse couler les larmes qu'il retenait, Il murmure : «Parle-moi d'eux, petite Emélie» ! L'institutrice le prie de s'asseoir un instant sur le talus qui borde la route, on fait cercle autour de lui; alors il raconte que, pris pour le service militaire, il y a deux ans, il avait été incorporé dans un régiment d'Afrique; il était parti, sinon content, du moins résigné. La mère, faible et souffrante, prit un chagrin insurmontable du départ de son fils ; un an après, elle s'endormait de son dernier sommeil !...

Le père, resté seul, ne put supporter la vie ; six mois après, on le trouva noyé dans sa mare. Quelques-uns prétendirent que c'était par accident, beaucoup pensèrent que c'était un acte de désespoir du pauvre père Mathieu ! Désigné pour faire partie de l'expédition du Tonkin, le pauvre fils absent ignorait la mort de ses parents; il l'apprit en arrivant à Toulon, malade et épuisé. Il resta à l'hôpital pendant trois mois, puis obtint un congé pour venir s'agenouiller sur la tombe de ceux qu'il ne devait plus

revoir et qui étaient morts pour l'avoir trop aimé !...
Émélie lui donna tous les détails qu'elle connais-
sait, puis, dans un élan de générosité sublime, elle
lui dit : « J'ai huit francs à la caisse d'épargne
scolaire, mes parents me permettent de les employer
à ma guise; je vous en prie, acceptez-les pour
vous aider à faire votre voyage quand vous retour-
nerez au régiment ! Puis, vous allez venir à la
maison, mes parents seront heureux de vous recevoir, ils l'ont dit ».

LE MILITAIRE. — Merci, petite Émélie; je vais
aller chez vos parents, et j'accepterai volontiers
l'hospitalité chez eux. Quant à votre épargne, chère
petite, je l'enverrai au bienfaisant *Petit Journal*
de la part d'une petite patriote ! nous la diviserons
en trois parts ! Pour les blessés de la Chine et du
Tonkin, pour les victimes du choléra, et pour
l'œuvre de la *Bouchée de Pain*. Ne vous inquiétez
pas de mon sort, je vais recueillir le petit héritage
que mes chers parents m'ont laissé, puis rejoindre
mon corps; j'ai pris goût au métier! Je tâcherai de
retourner là-bas, et je vous assure que si je ne me

signale pas, ce ne sera pas de ma faute! On l'a
dit, et je suis heureux de l'attester : chaque soldat
français peut être un héros, il n'y a que l'occasion
de le devenir qui peut lui manquer. Je vais vous
quitter, Madame, et mes petites demoiselles, j'ai
hâte de revoir la chaumière où je suis né! Au
revoir, et merci pour la sympathie que vous m'avez
témoignée!

L'Institutrice. — Allons, mes fillettes, rentrons
à l'école. Vous voici toutes sérieuses et prêtes à
entendre les quelques mots que j'ai à vous adresser.

Mais, avant de vous faire mes dernières exhor-
tations de cette année scolaire, je désire que
Lucy Loiseleur, de la première division, nous lise sa
composition de style qui, je le déclare, est parfaite.
Ce juste hommage au soin et à l'intelligence qu'elle a
apportés à son travail n'est que l'avant-coureur du
témoignage de vive satisfaction qu'elle recevra à
notre prochaine distribution de prix. Allons Lucy!
pas de fausse modestie, mon enfant; nous vous
écoutons toutes avec grand plaisir.

— Je ne demande pas mieux, Madame, répondit Lucy ; comme style, j'ai choisi le *Cadeau de Noël* ; voici :

Le Cadeau de Noël

Les cloches sonnent et carillonnent.

— Mère, dit la petite Aline, c'est demain Noël, quel bonheur ! Je vais mettre mes souliers dans la cheminée, l'ange m'apportera un cadeau sans doute, j'ai été bien sage ?

— Oui, ma chérie, répond la maman, mais dors vite pour qu'il vienne. » Et, lui mettant un baiser au front, elle s'éloigne précipitamment.

Aline ferme les yeux, mais elle ne peut parvenir à s'endormir, tous les jouets rêvés passent devant son imagination. Réflexion faite, rien ne la charmerait autant qu'une grosse poupée qui pleure et qui parle ! Alors se levant sans bruit, elle court à la cheminée, s'agenouille dans l'âtre et s'écrie « c'est décidé, bon ange, j'aime mieux une poupée ! » Puis

elle regagne son lit le cœur plein d'espérance... Ce
qui la tourmente maintenant c'est la pensée que
ses souliers sont bien petits pour contenir un gros
cadeau... Enfin ses idées deviennent confuses, elle
s'endort.

.•.

Elle aperçoit en songe un bel ange aux ailes
blanches, aux blonds cheveux flottants, à la longue
robe éblouissante. Il tient dans ses bras un petit
enfant. L'ange incline la tête, ses lèvres effleurent
le tendre front de l'enfant, qui s'éveille vaguement à
la vie sous ce baiser.

Au loin les cloches sonnent et carillonnent pour
annoncer à tous la venue de l'enfant, elles semblent
dire: Réjouissez-vous, famille bénie, car voici un
nouvel hôte pour votre foyer! Réjouissez-vous! ce
petit être si faible que nous vous annonçons, c'est
la joie et le cher souci de la maison, c'est l'espérance, c'est l'amour!

Et le petit enfant murmure: « Bel ange, où m'em-
portes-tu? je ne vois plus la lumière dorée qui m'en-

tourait là-bas, je n'entends plus les chants si doux qui berçaient mon sommeil. Où allons-nous, bel ange? La nuit m'environne, j'ai froid, j'ai peur !

— Ne crains rien, enfant, dit l'ange, on est bien partout sous la main de Dieu ; tu vas vers le devoir, vers la vie, salue la terre, ta nouvelle patrie !

— O mon ange, vas-tu donc m'abandonner? Vas-tu me laisser seul sur cette vaste terre? Oh! enveloppe-moi de tes bras caressants, réchauffe-moi contre ton cœur et garde-moi ainsi, car j'ai peur d'être seul, j'ai peur de l'inconnu!

— Rassure-toi, répond l'ange, un autre amour plus tendre que celui des anges t'attend et te réclame. Dans les bras de ta mère tu ne regretteras pas les miens; tu ne peux rien pour moi, pour elle tu seras le bonheur, et, ne l'oublie pas: le bonheur qu'on donne est celui qui vous rend le plus heureux. Va donc, aime et vis!

— Puisque sur terre on aime, mère, ouvre-moi tes bras. Salut à mon nouveau séjour! mes yeux sont charmés de tes horizons d'azur, de tes eaux limpides, de tes plaines verdoyantes, salut!... Mais quelle est cette clameur qui grandit à mesure que j'approche de la terre? c'est un cri de détresse, une plainte sans trêve: c'est l'immense, l'éternelle douleur!... O bel ange, remontons vers l'infini, ne me laisse pas ici! Vois, partout l'envie et la calomnie partout la haine et la guerre fratricides!... Aime, m'as-tu dit! mais l'amour hors du cœur des mères, où donc est-il dans ce monde affreux?...

— Il est dans ton cœur, enfant, comme il est dans le cœur de tout être que Dieu envoie où tu vas; ne le laisse pas mourir en toi, avec lui tu vaincras! Ne crains pas la lutte, elle te rendra plus fort. Ne crains pas la souffrance, elle te rendra meilleur. Aime! car c'est en aimant son semblable qu'on lui fait le plus de bien. Ta conscience te consolera de tout ce que tu auras à souffrir... Peut-être, quand je reviendrai te chercher, regretteras-tu de quitter cette terre qui t'épouvante tant aujourd'hui.

— Ah! je sens battre mon cœur... Adieu mes frères les anges, ma mère me tend les bras, je veux aller vers elle, je l'aime! La joie est dans la maison qui m'attend; ma sœur, qui dort dans son petit lit,

rêve de ma venue ; je veux recevoir ses baisers, je
l'aime ! Et cet homme, au doux regard, qui m'appelle
si tendrement, c'est mon père ! je veux être pressé
sur son cœur, car je l'aime ! Oh ! laisse-moi, bel
ange... Adieu !..

Aline se réveille ; le soleil dore les rideaux de sa
couchette. La petite fille jette un regard dans la
cheminée, ses souliers sont vides... Elle promène
ses yeux pleins de larmes autour d'elle...

— Aline, ma mignonne, dit le père en entrant
dans la chambre, viens voir le joli cadeau que l'ange
de Noël t'a apporté ! Tes souliers étaient trop petits,
il l'a déposé dans un petit berceau près du lit de
petite maman...

Dans le doux nid, le nouveau-né dort dans le duvet,
comme un petit oiseau à peine éclos. Aline pousse
des cris de joie en l'apercevant, devinant la faiblesse
de la frêle créature, elle l'embrasse bien doucement
mais que de tendresse renferme ce baiser ! Puis

joignant ses petites mains elle s'écrie : « Merci, bon ange ! »

Au loin les cloches sonnent et carillonnent pour annoncer à tous la venue d'un enfant.

— Je vous renouvelle mes compliments, Lucy, votre composition est classée première et elle sera transmise à M. l'Inspecteur.

La lecture achevée, chaque élève a pris, sur son banc, sa place accoutumée. Le jour baisse, la classe est dans une demi-obscurité presque solennelle. Les jeunes cœurs sont disposés à recevoir la semence qui doit fructifier ! Puisse l'institutrice être à la hauteur de la tâche !

L'Institutrice. — L'année scolaire est terminée, mes petites amies ; nous allons nous séparer pour quelque temps. Plusieurs d'entre vous vont quitter l'école. Je ne les vois pas partir sans une certaine inquiétude ! la vie va commencer pour elles, si insouciantes jusqu'alors ! Armez-vous de courage, mes pauvres enfants ; la vie, c'est la lutte ; la lutte de

chaque jour! Quelle que soit la position qui
vous soit réservée, il vous faudra combattre
et contre les autres et contre vous-même pour
que votre cœur reste ce qu'il est : bon et loyal!
La vie est un voyage terrible et sans relâche! nous
arrivons successivement à tous les âges, nous y
prenons et y laissons quelque chose! Tout ce qui
nous entoure change chaque année, et c'est ainsi
que nous arrivons à la vieillesse, si difficile à supporter si notre cœur ne renferme pas le souvenir
du devoir accompli. D'ailleurs, chaque âge apporte
ses aspirations, ses satisfactions, ses peines, sa
dose de sacrifices.

Résignez-vous d'avance, mes petites, tout est
là!... Si quelques-unes d'entre vous doivent aller
en apprentissage, qu'elles travaillent avec courage à
devenir habiles dans le métier qu'elles auront choisi ;
qu'elles soient probes, discrètes, polies, qu'elles
obéissent à leur patronne et qu'elles la respectent.

A toutes, je dis : Gardez les bonnes habitudes
de votre enfance. N'oubliez pas la maison paternelle;
vous aurez des devoirs à remplir envers vos parents

lorsqu'ils seront vieux; souvenez-vous de tous les sacrifices qu'ils se sont imposés pour vous élever; jamais vous ne pourrez acquitter cette dette ! — N'oubliez pas l'école. Là s'est écoulée votre enfance, vous y avez été heureuses, vous vous y êtes instruites et votre cœur s'y est formé. L'institutrice est presque une mère pour ses élèves, et elle est heureuse, bien heureuse lorsqu'elle les revoit et peut encore les guider par ses conseils. A celles qui resteront au foyer de la famille je dis : heureuses petites, soyez soumises, douces, bonnes pour tous; devenez de bonnes ménagères, économes, laborieuses; suivez les avis de votre mère, qu'elle soit votre amie, votre confidente. Souvenez-vous que vous appartenez à une grande nation, que vous devez obéissance à ses lois et respect à ses institutions. Vous êtes toutes appelées à être utiles à notre cher pays, non pas en rendant de ces services qui donnent la renommée ou la gloire, mais en le faisant chérir par tous ceux sur lesquels vous avez et aurez de l'ascendant.

Conservez vos livres de classe, et, chaque jour,

repassez un peu ce que vous savez, apprenez ce que vous ne savez pas. Vous avez compris l'utilité de l'instruction, vous avez goûté le charme qu'elle procure, soyez toutes animées de ce désir : vous instruire encore, vous instruire toujours !

TABLE

—

CHAPITRE I

CHAPITRE II

CHAPITRE III

1245. — Tours, Imp. Rouillé-Ladevèze.

Paul GAFFAREL

Doyen de la Faculté des lettres de Dijon.

Les Explorations françaises de 1870 à 1871, — avec gravures dans le texte et six cartes géographiques.

(Prix Jomard décerné par la Société de Géographie.)

André GATTEYRIAS

De l'École des langues orientales

A travers l'Asie Centrale, — avec gravures dans le texte.

Paul GUILLAUME

Professeur agrégé des sciences physiques.

Les Entrailles de la Terre, — avec gravures dans le texte.

Dr E. HONSZ

Hygiène publique et privée, — avec gravures dans le texte.

Léon HUGONNET

La Grèce nouvelle.

Jean LAROCQUE

L'Angleterre et le Peuple Anglais, — avec une carte d'Angleterre.
La Grèce au siècle de Périclès, avec gravures.

M. MOREL

Commis principal des Télégraphes

La Télégraphie, — avec nombreuses gravures dans le texte.

Maurice PELISSON

Agrégé des lettres.

Les Romains au temps de Pline le Jeune. — Leur vie privée.

Maxime PETIT

Les Pays Scandinaves, — avec gravures.

A. PIZARD

Agrégé d'histoire,
Inspecteur d'Académie.

La France en 1789 (la société, le gouvernement, l'administration), avec deux cartes des gabelles et des traites d'après Necker.
Les Origines de la Nation Française, — des Gaulois à Charlemagne.

Raoul POSTEL

Ancien magistrat à Saïgon.

L'Extrême Orient. — Cochinchine, Annam, Tong-Kin, — avec gravures dans le texte.

Mme RATTAZZI

Le Portugal à vol d'oiseau.

Envoi franco

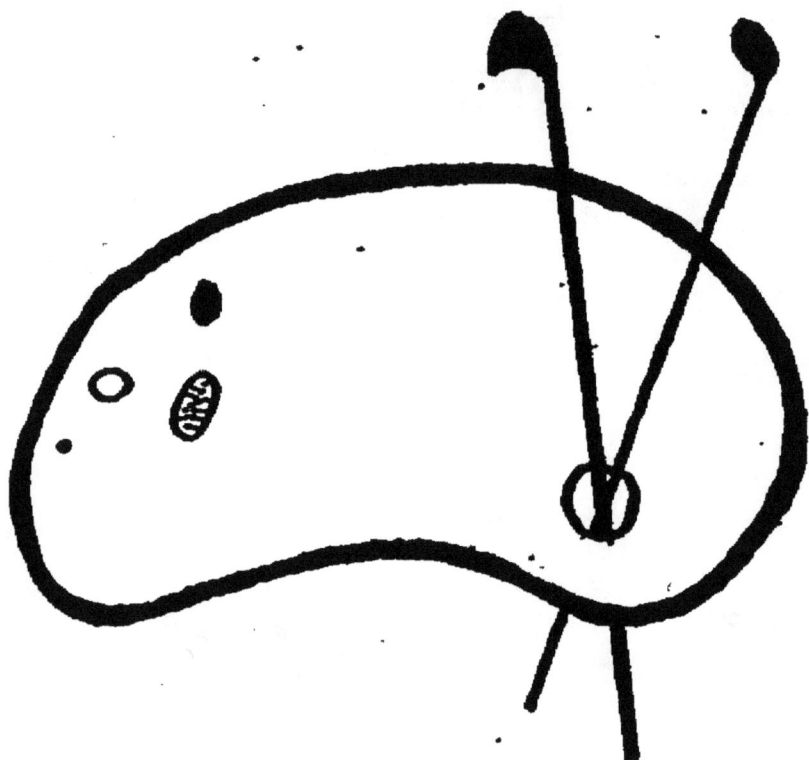

HISTOIRE

ÉLÉMENTAIRE

DU

DROIT FRANÇAIS

PRIX : 10 FRANCS

PARIS

L. LAROSE ET FORCEL

LIBRAIRES-ÉDITEURS

1884

www.ingramcontent.com/pod-product-compliance
Lightning Source LLC
Chambersburg PA
CBHW050120210326
41519CB00015BA/4034